T0128294

essentials

essentials liefern aktuelles Wissen in konzentrierter Form. Die Essenz dessen, worauf es als „State-of-the-Art" in der gegenwärtigen Fachdiskussion oder in der Praxis ankommt. *essentials* informieren schnell, unkompliziert und verständlich

- als Einführung in ein aktuelles Thema aus Ihrem Fachgebiet
- als Einstieg in ein für Sie noch unbekanntes Themenfeld
- als Einblick, um zum Thema mitreden zu können

Die Bücher in elektronischer und gedruckter Form bringen das Fachwissen von Springerautor*innen kompakt zur Darstellung. Sie sind besonders für die Nutzung als eBook auf Tablet-PCs, eBook-Readern und Smartphones geeignet. essentials sind Wissensbausteine aus den Wirtschafts-, Sozial- und Geisteswissenschaften, aus Technik und Naturwissenschaften sowie aus Medizin, Psychologie und Gesundheitsberufen. Von renommierten Autor*innen aller Springer-Verlagsmarken.

Ursula Bellut-Staeck

Die Mikrozirkulation und ihre Bedeutung für alles Leben

Aktuelle Erkenntnisse zu lebenswichtigen Funktionen von Endothelzellen

 Springer

Ursula Bellut-Staeck
Berlin, Deutschland

ISSN 2197-6708 ISSN 2197-6716 (electronic)
essentials
ISBN 978-3-662-66515-2 ISBN 978-3-662-66516-9 (eBook)
https://doi.org/10.1007/978-3-662-66516-9

Die Deutsche Nationalbibliothek verzeichnet diese Publikation in der Deutschen Nationalbibliografie; detaillierte bibliografische Daten sind im Internet über http://dnb.d-nb.de abrufbar.

Foto: „Tropfenschirm" und Abb. 5.1, Abb. 3.4, 3.8, 3.9 Manfred Krüger manfredkrgr@gmail.com
Grafikdesigner, Lehramtsträger für Physik und Biologie,Künstler.

Planung/Lektorat: Ken Kissinger
Springer ist ein Imprint der eingetragenen Gesellschaft Springer-Verlag GmbH, DE und ist ein Teil von Springer Nature.
Die Anschrift der Gesellschaft ist: Heidelberger Platz 3, 14197 Berlin, Germany

Was Sie in diesem *essential* finden können

- Übersicht über Aufbau und Funktionen des Endothelzellverbandes als komplexes Organ
- Die Bedeutung der Mikrozirkulation im Rahmen der Steuerung lebenswichtiger Vorgänge
- Revolutionäre Erkenntnisse zur Endothelzelle als Sinnesorgan, PIEZO- Kanäle
- Die Abhängigkeit aller Organismen von ihrer Gefäßgesundheit
- Die Verbundenheit der Steuerung physischer und psychischer Vorgänge über die Einheitlichkeit des Informationsweges und was daraus folgt
- Weiterführende Literaturhinweise zu jedem Teilgebiet aus der Mikrozirkulation

Das Foto zeigt einen „Tropfenschirm" genau in dem Moment, als ein Wassertropfen auf die Wassersäule eines vorausgegangenen Tropfens fällt. Symbol von Bewegung und Gegenbewegung, Kraft und Gegenkraft

Vorwort

Eigentlich kam ich mehr oder weniger zufällig mit dem Thema „Mikrozirkulation und Endothelzelle" in Berührung. Im Rahmen verpflichtender Fortbildung als niedergelassene Ärztin hatte ich 2004 einen Kurs belegt, der unter dem Stichwort BIOLOGISCHE MEDIZIN angeboten wurde. Ich muss gestehen, dass ich mich – außer auf das wenig umrissene Thema - vor allem auf den Ort der Veranstaltung freute. Es handelte sich um eine zehntägige Fortbildung im Mai auf der griechischen Insel Kos, zufällig auch Heimat des griechischen Arztes und Lehrers Hippokrates. Unter anderem waren Referate und Videosequenzen über die Mikrozirkulation zu sehen, die Herr Prof. Dr. med. Rainer Klopp aus Berlin vorstellte. Er war **der** Pionier auf diesem Gebiet. Die Erkenntnisse, die ich in Kos gewann, integrierte ich danach in meine Arbeit in der täglichen Praxis, ob als Haus-, Notfall-, Schiffs- oder Klinikärztin. Sie sorgten für ein deutlich besseres Verständnis für die menschliche Physis und Psyche sowie die Betrachtungsweise der uns umgebenden Tierwelt, der ich von Kind an zutiefst verbunden bin. Zwei weitere Kurse folgten und seither ein intensives Studium zum gesamten Themenkomplex. In diesem essential will ich unter anderem für eine Rückkehr zum umfassenden Natur- und Artenschutz plädieren, weil wir nur so eine lebenswerte und im wahrsten Sinne gesunde Weltgemeinschaft bewahren können.

Bei dieser Fülle von Wissenszuwachs in der Mikrozirkulation, habe ich versucht, die wichtigsten Zusammenhänge verständlich darzustellen. Eine Vertiefung in das Thema ist durch viele Verweise auf die aktuelle Literatur möglich. Das Thema ist interessant für Ärzte oder Studierende sowie Naturwissenschaftler aus allen Gebieten, Pharmakologen, aber auch Psychologen, Soziologen, Entscheidungsträger in der Politik und interessierte Laien. Nach wie vor halte ich die

Bedeutung des Themas in der öffentlichen Wahrnehmung für deutlich unterrepräsentiert, auch aufgrund des erst in den letzten Jahren erfolgten großen Wissenszuwachses.

Ursula Bellut-Staeck

Inhaltsverzeichnis

Über die Autorin

Dr. med. Ursula Bellut-Staeck E-Mail: drmed.u.bellut@t-online.de
Studium der Humanmedizin und Promotion an der *Westfälischen Wilhelms-Universität Münster,* Fachärztin für Allgemeinmedizin, Zusatzbezeichnung Notfallmedizin,

Schwerpunkte: Herz-Kreislauf–Erkrankungen, Notfallmedizin, Stressmedizin, Mikrozirkulation und vaskuläre Biologie, maritime Medizin, Mitglied im wissenschaftlichen Beirat der DSGS e. V. (Deutsche Schutzgemeinschaft Schall für Mensch und Tier e. V.,)

Mitglied im wissenschaftlichen Beirat der Naturschutzinitiative e. V.,

Mitglied im Aktionskreis Energie und Naturschutz AKEN e. V.

Einleitung

1

1661 entdeckte Malpighi bei mikroskopischen Studien an der Froschlunge erstmals die Existenz von Kapillaren. Er beschrieb sie als dreidimensionales Netzwerk feinster Gefäße, das Arteriolen, Venolen und Lymphgefäße verbindet. Lange dachte man, dass die flache Endothelzellschicht der Gefäße nur eine einfache Begrenzung der Gefäßwand darstelle. Ein weiterer Meilenstein war die Entdeckung, dass die Endothelzelle eine gefäßerweiternde Substanz, das Stickstoffmonoxid (NO), produziert. Danach begann ein Strom immer neuer und relevanter Erkenntnisse, der bis heute nicht abreißt. Die Entdeckung, was für eine Fülle an vitalen Regulationen die Endothelzelle leistet, entsprach einer der tiefgreifendsten wissenschaftlichen Revolutionen, die in Biologie und Medizin jemals stattgefunden hat. Sie führt in der Konsequenz zu einem Perspektivenwechsel. Die schon jetzt darstellbaren Ergebnisse bedeuten, dass ein für unsere Augen unsichtbares Organ den „Lebensfluss" bildet.

Grundbegriffe für das Verständnis von Endothelzelle und Mikrozirkulation

Im Folgenden finden Sie die wesentlichen Grundbegriffe zum besseren Verständnis des Textes:

Endothelzelle (ED) eine von 220 somatischen Zellarten, die alle Gefäße von Wirbeltieren auskleidet. Entsprechend ihrer Lage - in einem bestimmten Gefäßabschnitt oder Organ - ist sie unterschiedlich zu ihrer Umgebung abgedichtet. Sie besitzt eine außerordentliche und vielfältige Bandbreite an vitalen Funktionen, indem sie zwischen Blutfluss und Extrazellulärraum eine Art Schaltstellenfunktion ausübt. Sie besitzt zudem über eine spezialisierte Gruppe an Mechano-Sensoren sensorische Fähigkeiten, zu denen auch die neu definierten PIEZO-Kanäle gehören.

Endotheliale Integrität bedeutet Intaktheit und Unversehrtheit des Endothels sowohl organisch als auch funktionell. Sie ist die Voraussetzung für die Aufrechterhaltung aller über die Endothelzelle gesteuerten Regulationen in optimaler Weise. Ihre Schädigung führt zu Verschiebungen mehrerer Gleichgewichte z.b. des Redox-Stoffwechsels oder des Gleichgewichts von Entzündung, Wiederherstellung oder Fibrose in eine ungünstige, proentzündliche Richtung. Erste Anzeichen ihrer Schädigung ist eine veränderte und geschädigte *Glykokalix.*

Glykokalix von griech. glykys-Zucker, kalyx-Mantel. Sie entspricht dem an Proteine und Lipide der Zellmembran gebundenen Kohlenhydratanteil. Sie bildet eine der Gefäßinnenwand anliegende innere Beschichtung aus Glykoproteinen und Glykolipiden. Sie ist einerseits mit der Endothelzelle vernetzt, anderseits kommuniziert sie mit den löslichen Stoffen des Blutflusses und bildet zusammen mit löslichen Plasmaproteinen *die endotheliale Oberflächenschicht* (englisch *ESL*). Ihre Integrität ist wichtigste Voraussetzung für alle Funktionsabläufe. Ihre Schädigung geht klinischen Erkrankungen oftmals voraus.

U. Bellut-Staeck, *Die Mikrozirkulation und ihre Bedeutung für alles Leben,* essentials, https://doi.org/10.1007/978-3-662-66516-9_2

Glykolipide von griech. glykys-Zucker, lipos-Fett. An das Lipidmolekül sind ein oder mehrere Mono- oder Oligosaccharide gebunden. Als Membranlipide haben sie die einer Biomembran entsprechenden Eigenschaften (Stabilität, Flexibilität und Semipermeabilität). Sie kommen als Membranbestandteile an der Außenseite der Lipiddoppelschicht der Membran vor. Hier ein wichtiger Bestandteil der Glykokalix.

Glykoproteine Makromoleküle, die aus einem Protein und einer oder mehreren gebundenen Kohlenhydratgruppen (Zuckergruppen) bestehen. Als Bestandteile der Zellmembran haben sie Rezeptor-, Transport- und/oder Schutzfunktionen. Sie spielen daher auch eine wichtige Rolle bei Erkennungsreaktionen durch das Immunsystem.

Arteriolen Innendurchmesser 10–80 µm, sie besitzen neben einer einlagigen Endothelzellschicht und einer Basalmembran, die dem Extrazellulärraum zugewandt ist, eine 1–2 lagige Schicht glatter Muskelzellen, mithilfe derer sie ihrer Funktion als Widerstandsgefäße erfüllen.

Kapillaren Durchmesser 4–8 µm bestehen aus einer einlagigen Endothelzellschicht, sowie einer Basalmembran. Die kapilläre Austauschfläche für Nährstoff, Wasser, Informationsübertragung ist ca. 300 m2.Bei Bedarf werden ruhende Kapillaren rekrutiert und erhöhen die Austauschfläche um ein Vielfaches.

Postkapilläre Venolen: 8–30 µm Sie entstehen durch den Zusammenschluss mehrerer Kapillaren. Ihre Wandung: Endothel, Basalmembran, Perizyten. Hier ist der Blutfluss am geringsten und hier findet das Leukozytenrolling in der Frühphase von Entzündungsreaktionen statt.

Myogener Gefäßtonus Infolge aktiver Kontraktionsleistung von glatten Muskelzellen, stehen Gefäße unter einer myogenen Vorspannung. Je größer ihre Vorspannung, desto größer ist die Möglichkeit einer Dilatation des Gefäßes, der sog. *Flussreserve.* Gesteuert wird die Kontraktion über eine Wanddehnung, die mit einer myogenen Wandspannung beantwortet wird (Bayliss-Effekt). In den Gefäßen von Organen wird die Wandspannung übergeordnet durch Einflüsse des adrenergen Systems verstärkt (Ausnahme: Plazentakreislauf und Umbilikalgefäße).

Mikrozirkulation Sie besteht aus einem dreidimensionalen Netzwerk, das durch seine Vermittlerrolle zwischen Blutfluss und Extrazellulärraum in ein fein getuntes System aus Angebot, Bedarf, hormonellen Einflüssen und Mediatoren eingebunden ist und innerhalb einer funktionellen Einheit aus Arteriolen, Kapillaren, Venolen, glatten Muskelzellen, Lymphgefäßen und Extrazellulärraum agiert. Ort des gesamten Stoffaustausches, Transport- und Informationsweg.

Gap junctions Proteine der *Connexin-Familie* formen Kanäle zwischen den Endothelzellen und ermöglichen dadurch Signal- und Stofftransport zwischen benachbarten Zellen, auch zu den Zellen der glatten Gefäßwand. Es werden Jonen oder kleine Moleküle wie Glucose, cAMP oder cGMP geschleust. Die *Connexin*-Kanäle stehen in enger Verbindung mit den Aktinfilamenten des Zellgerüstes der Endothelzelle *(Cytoskeleton)* und haben dadurch wichtigen Einfluss auf die Barrierefunktion der Endothelzelle.

Scherstress oder auch *Schubspannung:* die mechanische Kraft des Blutstroms, die tangential auf die Gefäßwand und damit auf verschiedene Mechano-Sensoren der Endothelzelle ausgeübt wird. Sie ist vitale Voraussetzung in der Embryogenese, später auch verschiedener Funktionen wie Wachstum, Zellteilung, Neubildung von Gefäßen und Regulierung des Blutflusses. Die Form des Scherstresses kann *laminar* oder *oszillatorisch* sein, viel oder wenig. Laminarer Scherstress ist wichtigste Voraussetzung für die NO-Bioverfügbarkeit. Grob kann gesagt werden: hohe laminare Schubspannung ist atheroprotektiv, oszillatorischer Scherstress ist proatherogen wirksam.

Redoxreaktion Eine Redoxreaktion (Reduktions-Oxidations-Reaktion) ist eine chemische Reaktion, bei der eine Elektronenübertragung stattfindet und sich dabei die Oxidationszustände von Atomen ändern. Der eine Reaktionspartner erhöht seinen Oxidationszustand durch Elektronenabgabe, der andere senkt ihn durch Elektronenaufnahme.

ROS Abgekürzt: reaktive Sauerstoffspezies, Moleküle mit sehr großer chemischer Reaktionsbereitschaft durch ihre Sauerstoffverbindung [Beispiele: Hyperoxid-Anion ($O_2 \cdot^-$), Hydroxyl-Radikal (HO$\cdot$) Peroxylradikal (ROO$\cdot$)]. Sie entstehen z. B. innerhalb der Zellatmung der Mitochondrien im Rahmen von Umweltgiften, Stress und Entzündungen. Sie können ungünstigerweise Lipidperoxidation und DNA- Schäden verursachen.

Konservierte Struktur Bedeutet eine Bewährung im evolutionären Selektionsdruck. Die entsprechenden Aminosäure- oder Nukleotidsequenzen sind im Laufe der Evolution weitgehend unverändert geblieben.

Kovalent In der Chemie bedeutet, dass sich zwei Atome ein Elektronenpaar teilen und dadurch eine Bindung haben. Kommt häufig bei Nichtmetallen vor, z. B. bei Sauerstoff (O) oder Wasserstoff (H).

Die Endothelzelle und ihre vielfältigen Aufgaben 3

3.1 Ein Blick in die Nanowelt der Endothelzelle

3.1.1 Organspezifische Typen

Wir befinden uns in einem Teilbereich der Herz-Kreislaufsystems, der Mikrozirkulation, und wenden uns den Kapillaren zu. Hier richtet sich unser Blick auf die Endothelzellen. Sie kleiden alle Gefäße aus. Wie alle somatischen Zellen bei Vertebraten haben die ED's die gleichen Zellbestandteile sowie in ihrem Kern die gleiche komplette genetische Information, das Genom. Durch unterschiedliche Lage und je nach Organfunktion unterscheiden sie sich jedoch in Form, Ausprägung, Oberfläche sowie Besetzung von Rezeptoren u. a. des adrenergen Systems. Nach der Ultrastruktur ihrer Umkleidung unterscheidet man Endothelien nach ihrer organspezifischen Unterstruktur in verschiedene Typen: Kontinuierlich, diskontinuierlich und fenestriert (gefenstert) wie in Abb. 3.1 dargestellt. Die Atemgase O_2 und CO_2 sind lipidlöslich. Ihre Aufnahme kann über die gesamte Endothelzellfläche erfolgen; dadurch steht ihnen eine riesige Austauschfläche zur Verfügung. Ihre Limitation sind die Diffusionsgeschwindigkeit der Atemgase und die Kapillardurchblutung, Sperando und Brandes (2019, S. 243). Zum Extrazellulärraum sind die Endothelzellen mit einer Basalmembran abgedichtet.

Zusatzinformation 3.1: Die Verbindungen der Gefäße des Gehirns haben besonders viele sog. „tight junctions", die das morphologische Pendant für die *Blut-Hirnschranke* darstellen.

U. Bellut-Staeck, *Die Mikrozirkulation und ihre Bedeutung für alles Leben*, essentials, https://doi.org/10.1007/978-3-662-66516-9_3

Kontinuierlich	Diskontinuierlich
Herz, Skelettmuskel, Haut, Lunge, Fett, ZNS	Niere
	Leichtes Durchfließen von Wasser und niedermolekularen Substanzen
haben Interzellulärspalten mit „tight junctions", die sie weitgehend verschließen. Durchtritt von Wasser, Glukose, Harnstoff, wasserlösliche niedermolekulare Substanzen. Info 1	**Gefenstert**
	Sinusoide der Leberzelle
	Makromoleküle können durchtreten

Abb. 3.1   Organspezifische Typen der Endothelien

3.1.2   Die Glykokalix – Innenbeschichtung des Endothels – Marker für die Gefäßgesundheit

Von erst jüngst erkannter besonderer Bedeutung für die vitalen Aufgaben der Endothelzelle ist die sog. *Glykokalix,* die sich an der dem Blutstrom zugewandten Seite der Endothelzelle befindet: Sie ist eine kohlenhydratreiche Schicht, die das Lumen des gesamten Gefäßsystems auskleidet und für die Integrität der Endothelzelle von entscheidender Bedeutung ist, Reitsma et al. (2007). Der endotheliale Anteil ist fest im Endothel verankert sind und bildet das „Rückgrat" der *Glykokalix* (Abb. 3.9). Die zur Gefäßinnenwand gelegene Schicht befindet sich in einem dynamischen Gleichgewicht mit dem Blutfluss und ist ständigen Auf- und Abbauprozessen unterworfen, die ihre Dicke und Zusammensetzung entsprechend verändern. Sie kann eine Dicke von mehreren Mikrometern erreichen. Nach Nussbaum (2017) ist die *Glykokalix* der „starting point" für eine Störung der „endothelialen Integrität". Strukturelle Veränderungen oder Ablösungen der *Glykokalix* führen zu einer erhöhten vaskulären Durchlässigkeit für Makromoleküle, einer Beeinträchtigung im Ablauf von Entzündungen, der Dysregulation des Blutdruckes und zu einem Verlust der Schutzwirkung vor der Anheftung von Leukozyten und Thrombozyten, Nussbaum (2017). Die Glykokalix ist einer der wichtigsten Mechano-Sensoren der Endothelzelle, hochsensitiv, aber auch vulnerabel. In Abb. 3.7, 3.9 ist sie schematisch angedeutet.

Was führt zur Schädigung der Glykokalix, dem sog. shedding, auch "Shear-Stress-Syndrom" (SCES) genannt?

- Bluthochdruck (mechanische Kräfte) im großen Kreislauf, pulmonaler Hochdruck im Lungenkreislauf
- Fettstoffwechselstörungen mit erhöhter Lipidperoxidation
- erhöhte Blutzuckerwerte (Diabetes mellitus) durch Fehlernährung und/oder Insulinresistenz
- vermehrte Exposition gegenüber Umweltgiften, Strahlung, alkylierenden Substanzen, Vibration und Druck
- Stressfaktoren über vasoaktive Substanzen (z. B. Sympathikus oder Angiotensin-Achse) sowie erhöhte Cortisolspiegel, die ebenfalls zur vermehrten Bildung von Sauerstoffradikalen führen *(ROS)*
- Entzündungsfördernde Stoffe (Mediatoren) bei chronischen Entzündungen wie z. B. Cytokine, Eicosanoide (Prostaglandine, Thromboxan A, Leukotriene) sowie *Tumornekrosefaktor- Alpha (TNF- alpha)*.

   Bei Chronizität der Einwirkung kommt es u. a. zu strukturellen Veränderungen in entzündlicher, „proatherogener" Richtung im Gefäß: einer *Arteriosklerose.*

3.2 Etablierte Methoden zur Bewertung und Sichtbarmachung von Mikrozirkulationsvorgängen

Geeignete Techniken sind *videomikroskopische Verfahren wie SDF (Sidestream Dark Field Imaging)* und/oder *OPS (Orthogonal Polarization Spectral).* Über sie ist eine bessere Visualisierung (Sichtbarmachung) der Mikrozirkulation in-vivo möglich geworden, De Backer et al. (2010). Bei Neugeborenen ist dies möglich über die Haut, Nussbaum (2017), später, beim Erwachsenen über die Mundschleimhaut. Die Mikrozirkulation kann im Zusammenhang mit Krankheiten, *Medikamenten,* äußeren Einflüssen, Wärme, Licht, Lärm, Vibration, Stress (vergleichend mit oder ohne Exposition gegenüber einem Stressor) beobachtet und quantifiziert werden.

Folgende Parameter können direkt beobachtet werden:

Die intakte Vasomotion, bzw. ihre unmittelbare Veränderung

Die funktionelle Blutgefäßdichte (FVD) (mm/mm^2)

Die Fließgeschwindigkeit der roten Blutkörperchen (RBCV)

Die Anzahl der durchbluteten Kapillaren (N/A) (n/mm²)

Der kapillare Gefäßdurchmesser (DM)

Die Glykokalixdicke (μm)

3.3   Die Rolle der Endothelzelle in der Mikrozirkulation

Die Endothelzellen der inneren Auskleidung von Kapillargefäßen stehen als größtes Organ des menschlichen Körpers im Zentrum vielfältiger und vitaler Aufgaben. Sie bilden als einschichtiges Plattenepithel **das Endothelium**. Die Oberfläche entspricht in etwa sechs Fußballfeldern, sein Gesamtgewicht wird auf etwa eineinhalb Kilogramm geschätzt, Nussbaum (2017). Darüber gelingt einerseits eine den aktuellen Bedürfnissen angepasste Nährstoffversorgung, andererseits bildet diese große Oberfläche auch eine große Angriffsfläche für interne und externe Störfaktoren. Zur Übersicht (die nicht vollständig sein kann) sind ihre komplexen Aufgaben in Abb 3.2. dargestellt.

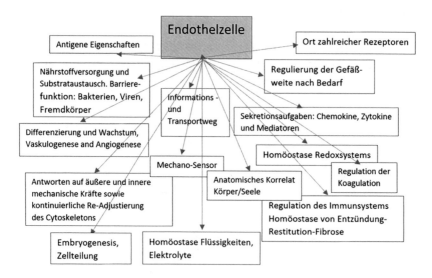

Abb. 3.2 Komplexe Funktionen der Endothelzelle

3.3.1   Substrat- und Nährstofftransport

Das mikrovaskuläre Endothel der Kapillaren und die postkapillären Venolen bilden zusammen mit der ihnen fest anheftenden *Glykokalix* eine semipermeable Membran, an der ein hochselektiver Stoffaustausch gelöster Stoffe des Blutes sowie von Flüssigkeit stattfindet. Dies ermöglicht den mikrovaskulären Stofftransport der Nährstoffe zu den Gewebezellen, sowie Abtransport von Stoffwechselendprodukten. Überschüssige Flüssigkeit und Plasmaproteine werden über das Lymphsystem entfernt, Duran et al. (2011). Einer der Hauptaufgaben der Mikrozirkulation besteht in der Anpassung der Gefäßdurchblutung - und damit Nährstoffversorgung - an den aktuellen Bedarf sowohl von Organen, als auch anderer Gewebe wie z. B. der Muskulatur. So beträgt die funktionelle Gefäßdichte *(functional vessel density,* FVD) im ruhenden Muskel nur ca. 25 % der möglichen totalen Gefäßdichte *(TVD)*. Im Umkehrschluss bedeutet dies auch, dass die Durchblutung bei Bedarf auf das ca. **30- fache** erhöht werden kann. Die Kompensationsfähigkeit des Kapillarnetztes ist damit um ein vielfaches höher als das der großen Gefäße. Unter körperlicher Belastung, der wichtigste Stimulus, setzt ein sog. kapilläres Rekrutieren ein *(capillary recruitment),* Moore und Fraser (2015), indem die Gefäßwiderstände der vorgeschalteten Arteriolen abgesenkt werden. Die Folge ist einerseits eine deutliche Erhöhung der Nährstoffaustauschfläche sowie eine Abnahme der Distanz zwischen zwei Kapillaren mit einer dadurch verminderten Diffusionsstrecke für Sauerstoff und Nährstoffe. Die Regulierung der Durchblutung *(sog. Vasomotorik)* ist dabei äußerst komplex und „orchestriert". Sie wird durch **intrinsische und extrinsische Einflussfaktoren** gesteuert, Nussbaum (2017). Siehe hierzu auch Kap. Vasomotorik 5.2.

3.3.2   Endothelzelle als Sekretionsorgan der gefäßerweiternden Stoffe NO, Prostaglandin und EDHF

Der wichtigste vom Endothel stammende Entspannungsfaktor (Vasodilatator) ist Stickstoffmonoxid *(NO)*. Nicht nur Säugetiere, auch Vögel, Fische, Frösche und Krebse nützen NO zur Reglierung ihrer Vasomotorik. NO wird in der klassischen Antwort auf laminaren Scherstress ausgelöst, Chien (2007), indem Schubspannung eine mechanische Veränderung an der Endothelzellmembran bewirkt. Dies führt zu einer Freisetzung der *NO*-Synthetase aus der Endothelzelle. *NO* wird in den Endothelzellen aus seinem Vorläufer L-Arginin gebildet und vermittelt die Gefäßentspannung an die dem Gefäß anliegende(n) Muskelzelle(n) weiter. Als freies Radikal und in gasförmigem Zustand (wie ein Nebel) kann *NO* frei durch die Membranen diffundieren. Diese Eigenschaft verleiht dem *NO* die Fähigkeit, mit anderen freien Radikalen oder mit molekularem Sauerstoff zu reagieren. Seine hohe chemische Reaktivität ist mitverantwortlich für seine vielfältigen Wirkungen. Zu diesen gehören: Vasodilatation, Hemmung der Proliferation glatter Muskelzellen oder der Thrombozytenaktivierung sowie Hemmung der Adhäsion von Leukozyten an das gefäßseitige Endothelium. Als einer der stärksten Antioxidantien ist es in der Lage, die Vermehrung der Lipidperoxidation zu unterbrechen, die eine der Hauptursachen für die Entstehung einer Arteriosklerose darstellt. In der Homöostase des gesamten Redox-Stoffwechsels spielt NO eine entscheidende Rolle. Hieran wird deutlich, wie wichtig für die Gefäßgesundheit eine ausreichende *und für die momentane Situation adäquate Bioverfügbarkeit* für *NO* ist, Laurindo et al. (2018).

Wie so oft in der Medizin, sind die Wirkungen eines Stoffes, Mediators, nicht einheitlich, wie auch hier im Falle des *NO*. Außer den normalerweise gefäßschützenden und antikoagulatorischen Effekten oder auch den verschiedenen regulatorischen Wirkungen (Abb. 3.3) kann NO abhängig von verschiedenen Faktoren auch schädliche und gegenteilige Wirkungen annehmen. Siehe dazu auch Abb. 3.3.

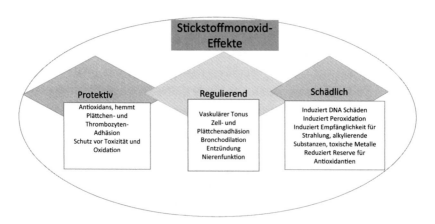

Abb. 3.3 Die verschiedenen Wirkungen von Stickstoffmonoxid. (Nach Originalabbildung FIG. 1 Wink und Mitchell 1998)

> **Merke: NO**
>
> a) reguliert nach lokalem Bedarf Gefäßweite und damit Sauerstoff- und Nährstoffversorgung
> b) spielt eine entscheidende Rolle bei der Lipidperoxidation
> c) wird ausgelöst über Schubspannung via NO - *Synthetase*
> d) ist abhängig in der Wirkung *von der richtigen Dosis, am richtigen Ort und zur richtigen Zeit*

Wie fällt die Reaktion des *NO* aus?

Wie die Reaktion wirklich ausfällt, hängt von mehreren Faktoren ab: Nach Laurindo et al. (2018) sind die ungünstigen Eigenschaften in der Regel mit einer exzessiven *NO*-Produktion sowie deren Reaktionen zu Superoxid-Radikalen verbunden. Die protektiven *NO*-Wirkungen werden einer möglichst *gleichmäßigen*, aber stetigen *NO*- Produktion zugeordnet. Warum hier die Eigenschaften der Endothelzelle als Mechano-Sensor eine entscheidende Rolle spielen, wird in Abschn. 3.5 erläutert. Einen tieferen Einblick zum gesamten Komplex *NO* oder den drei *Isoenzymen* der NO-Synthetase vermittelt die Quelle Laurindo et al. (2018).

EDHF *(Endothelium-derived- hyperpolarizing- factor):* Hemmt man in Studien sowohl *NO* als auch den Vasodilatator *Prostaglandin* kommt es durch die Agonisten wie *Acetylcholin und Bradykinin* oder über einen verminderten arteriellen Gefäßdruck **immer noch** zu einer Vasodilatation, die dem *EDHF* zugeschrieben werden. *EDHF* hat eine Fernwirkung, da eine gleichgerichtete Gefäßantwort stromauf- und stromabwärts auslöst wird (vgl. Abschn. 3.5.3). Sie wird praktisch ohne Zeitverlust über die *interzellulären Kontakte* der *gap junctions* innerhalb der Gefäßwand durch Weitergabe von elektronischer Potenzialveränderung übertragen. In großen Gefäßen, wie der Aorta, ist *NO* der hauptsächliche Vasodilatator, in den kleinen Arterien und Arteriolen unter 100 μm ist *EDHF* der im Vordergrund stehende. Siehe hierzu vertiefende Literatur in Laurindo et al. (2018).

3.4   Grundlage für die Leistungsfähigkeit der Endothelzelle ist ihre Struktur

3.4.1   „Ein geodätischer Dom": die Tensegrity-Struktur

Der Begriff „Tensegrity" (übersetzt: Zugfestigkeit) wurde von R. Buckminster Fuller, Fuller (1975) geprägt, der Architekt einer geodätischen Domkuppel war. Diskontinuierliche Kompression und kontinuierliche Spannung wurden hier „eingesetzt", um höchstmögliche Stabilität - verbunden mit gleichzeitiger Leichtigkeit - zu erhalten. Zusätzliche Verankerungspunkte sind darüber hinaus von wesentlicher Bedeutung, da über diese Punkte die mechanischen Kräfte auf die einzelnen Druck- und Zugelemente übertragen werden können. Vertiefende Literatur findet man in Shimizu und Garci (2014). Eine vereinfachte, schematische Darstellung eines Tensegrity-Modells sehen Sie in Abb. 3.4. in Form einer Fotografie.

Das Äquivalent von Spannungs- und Kompressionselementen auf der Endothelzellebene sind die drei miteinander kommunizierenden Netzwerke von Proteinfilamenten, Abb. 3.5 zeigt sie in schematischer Darstellung.

Abb. 3.4 Ein schematisches „Tensegrity" Modell

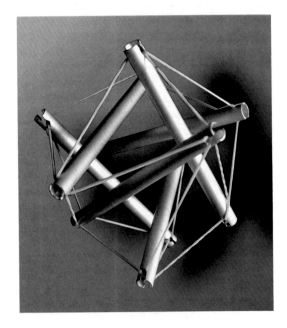

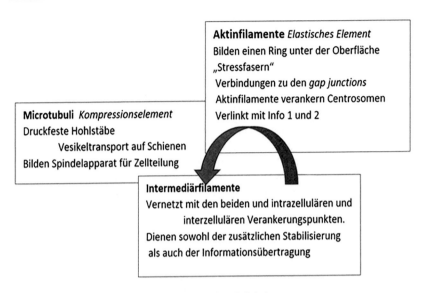

Abb. 3.5   Die Proteinfilamente des endothelialen Zellskelettes

ZusatzInformation 1: Aktin ist in **fast allen** eukaryotischen Zellen zu finden und hat eine *konservierte* Struktur. Ein Aktinmolekül allein wird als *G-Aktin* bezeichnet. Als dynamisches Molekül kann es schnell auf-und abgebaut werden. Mehrere dieser Aktinmonomere bilden unter ATP-Verbrauch das **filamentöse F-Aktin.** Zwei dieser F-Aktin-Stränge bilden Mikrofilamente, die eine Doppelhelix- Struktur haben.

Zusatzinformation 2: Mikrovilli sind etwa 0,08 μm dick und etwa 1–4 μm lang. An ihrem apikalen Ende tragen sie eine elektronendichte amorphe Kappenregion, die *Z-Scheibe.* Die Zellfortsätze enthalten in ihrer Mitte ein zentrales Bündel von 20–30 Aktinfilamenten, die untereinander durch Fibrin und weitere Proteine vernetzt sind.

3.4.2   Aktinfilamente, Microtubuli und Intermediärfilamente – das Netzwerk

Aktinfilamente   Der elastische Part; sie stabilisieren die Zellform, indem sie unter der Zellmembran einen Ring aus der oben beschriebenen Doppelhelix-Struktur bilden, der wiederum mit der Zelloberfläche sowie den interzellulären Verbindungen, den *gap junctions,* kommuniziert. Als Reaktion auf einen Stimulus, sich zu kontrahieren, bilden Aktin- und Myosinfilamente parallel organisierte Einheiten, sogenannte „Stressfasern", die das Gleiten von Myosin- entlang der Aktinfilamente anregen. Das führt zu einem Anstieg der intrazellulären Spannung und damit zur Zellkontraktion, Wang et al. (2009), Shimizu und Garci (2014). Damit regulieren die Stressfasern in Zusammenarbeit mit dem gesamten Netzwerk eine *Barriere* durch Schließen und Öffnen der parazellulären Poren *(gaps)*. Diese dient auch der Beantwortung von Entzündungen, Ischämie oder eindringenden Substanzen. Zweitens sorgen die Filamente ständig für die Re-Adjustierung (Neuausrichtung) der Endothelzelle als Reaktion der auf sie einwirkenden Kräfte. Dies geschieht „beat -to-beat". Siehe hierzu erweiterte Literatur in Shimizu und Garci (2014).

Ebenfalls aus Aktinfilamenten bestehen die sog. *Mikrovilli*. Sie enthalten ein zentrales Bündel von Aktinfilamenten, die ebenfalls am Zytoskelett fest verankert sind. Sie tragen eine gut ausgeprägte *Glykokalix,* die zahlreiche Enzyme und Proteine enthält. Dies spielt eine wichtige Rolle bei der Zellerkennung und Adhäsion. *Mikrovilli* findet man in verschiedenen Organen (z. B. Darm), wo sie auch resorptive Eigenschaften haben.

Microtubuli Das Kompressionselement mit druckfesten Hohlstäben, die aus *α- und β-Tubulinen* bestehen. Sie sind durch Transmembranproteine namens *Integrine* mit dem Extrazellulärraum verbunden. Sie stützen die zelluläre Struktur in der Kommunikation mit Aktin- und Intermediärfilamenten und erleichtern die Bildung von Spindeln während der Mitose. Außer ihrem Stabilitätsbeitrag haben sie eine wesentliche Funktion im Vesikeltransport. *Mikrotubuli* dienen z. B. als „Schienen" durch die Zelle, auf denen der Vesikeltransport stattfindet.

Intermediärfilamente Sie bilden strukturelle Untereinheiten in gewundenen Filamenten, die durch Assoziation mit Aktin- und Myosinfilamenten ein Netzwerk bilden, das es ermöglicht, weitere Spannung zu tragen und die Signalübertragung noch weiter zu verbessern, Shimizu und Garci (2014).

Merke: wichtig für die Zellteilung

Während die Aktinfilamente die Centrosomen verankern, wird der Spindelapparat für die Mitose von den Microtubuli gebildet.

Beispiele

klinischer Erkrankungen, die mit einer Störung der Barrierefunktion verbunden sind:

- Reperfusionsstörung nach Sepsis und Ischämie
- Flüssigkeitsaustritt bei Anaphylaxie
- Asthma bronchiale
- Die nicht-bakterielle Arthritis, die mit Schwellung einhergeht

3.4.3   Die Verankerungspunkte des „geodätischen Doms" in der Endothelzelle

Das *Aktin-Mikrofilament-System* ist eng mit mehreren Membran-Adhäsionsproteinen verbunden, die auf molekularer Ebene die Ankerpunkte im „Tensegrity-Modell" sind. An diesem Aktin-Netzwerk sind über 80 Aktin-bindende Proteine beteiligt, die kritische Teilnehmer an der Anordnung des Zytoskeletts sind und bei der Erzeugung von Zugkräften beteiligt sind, Dudeck et al. (2004). Einen tieferen Einblick in das komplexe Thema ermöglicht der Originalartikel Shimizu und Garci (2014).

Zusatzinformation: Eine besondere Rolle spielen den Autoren zufolge das *VE-Cadherin*, funktionelle *interzelluläre* Proteine der Zona occludens (ZO), *Zona adherens*, die Proteine des *fokalen Adhäsionskomplexes (FAS)* und vor allem Komponenten der *Glykokalix*. Sie dienen der Feinabstimmung der Zellform, der Adhäsion und der Regulierung der Stabilität der endothelialen Verbindungsstellen, Smani1 Y, * und Smani-Hajami T (2014).

3.5   Die Endothelzelle als Sinnesorgan: über Mechano-Sensoren, Mechano-Transduktion und Signalübertragungsnetzwerke

3.5.1   Einführung ins Thema Mechano-Transduktion

Auf unsere Körper wirken ständig mechanische Kräfte wie Schwerkraft, Druck (dazu gehört auch Schalldruck in einem breiten Spektrum an Frequenzen),

Vibration, Turbulenz, Schwellung und Schubspannung ein. Die für den Organismus wichtigsten sind natürlich diejenigen mechanischen Kräfte, die vom Blutfluss selbst ausgehen: tangentiale Kräfte (laminare Scherspannung) oder Dehnungskräfte in axialer Richtung zur Gefäßwand (durch Pulsation). "Beat-to-beat" richten sich die Endothelzellen dem Blutfluss entsprechend ständig neu aus und justieren dabei ihr Zellskelett neu. Wichtige Prozesse wie Zellteilung, Angiogenese, Wachstum, Bioverfügbarkeit von *NO,* Homöostase des Redox-Stoffwechsels, Blutdruckregulation, Adhäsion von Thrombozyten und Blutkoagulation, sind untrennbar verknüpft mit einer regelhaft ablaufenden Mechano-Transduktion mechanischer Kräfte. Diese werden von den Mechano-Sensoren (vgl. Abschn. 3.5.5) rezeptorisch aufgenommen und übertragen gezielt Informationen auf das Zellskelett der Endothelzelle. Über Signalnetzwerke *(signalling networks)* werden die Informationen in umgewandelter Form dann weitergeleitet (im Abschn. 3.5.3. und Abb. 3.6 näher beschrieben). Ohne diese Kräfte gäbe es keine Gefäßneubildung, kein Wachstum, kein neues Leben.

Merke

- Zellteilung
- Angiogenese
- Wachstum
- Bioverfügbarkeit von *NO*
- Homöostase des Redox-Stoffwechsels
- Blutdruckregulation
- Adhäsion von Thrombozyten und Leukocyten
- Blutkoagulation
- sind untrennbar verknüpft mit einer regelhaft ablaufenden Mechano-Transduktion mechanischer Kräfte. Ohne diese Kräfte keine Gefäßneubildung, kein neues Leben.

3.5.2 Laminare und oszillatorische Scherbelastung im Gefäß

Welchen Kräften die Endothelzellen ausgesetzt sind, hängt im Wesentlichen von der Position des Gefäßes ab. Mit der Vorschaltung der Widerstandsgefäße sind im

Kapillarbett die mechanischen Kräfte normalerweise gedämmt, laminar, gleichmäßig und *nicht oszillatorisch.* Dies ist eine entscheidende Voraussetzung für die vielfältigen und vitalen Aufgaben der Mikrozirkulation (vgl. Abb. 3.2), Sperando und Brandes (2019). Die *Endothelzellen* erfahren normalerweise nur solche mechanischen Kräfte an Scherstress, wie sie streng an die Größe der Kapillare gebunden sind. Die Integrität und damit Funktionsfähigkeit der Endothelzelle im Kapillarbett soll dadurch gewährleistet werden, Fernandes et al. (2018). Im Gegensatz dazu herrscht physiologischerweise an Gefäßverzweigungen und stärkeren Kurven mittlerer und größere Gefäße keine *laminare,* sondern häufig eine *oszillatorische Scherbelastung.* Was ist damit gemeint?

- Das entsprechende mechanische Stressfeld zeigt große Differenzen
- Die turbulente Strömung weist zufällige Druck- und Geschwindigkeitsschwankungen auf
- Physikalische Energie in einem elastischen Medium entspricht in diesem Sinne auch „Lärm."
- Hinzu kommen mechanische Kräfte, die durch die Veränderung von sportlicher Betätigung oder Ruhe entstehen, bzw. durch die Aktivierung der mehr oder weniger großen Anzahl an adrenergen Rezeptoren

Merke
Frühe arteriosklerotische Veränderungen entstehen bevorzugt an Gefäßverzweigungen und Belastungszonen, die *turbulentem oszillatorischem* Stress ausgesetzt sind.

Essentiell
Während der Morphogenesis steuert der Scherstress des Blutes die Gefäßneubildung des Gefäßbaums, Hahn und Schwartz (2009). Ohne Schubspannung *(shearstress)* gäbe es keine Anpassung des Blutflusses. Sie ist der Auslöser für die Bereitstellung des NO über die NO-Synthetase und damit der wichtigen Bioverfügbarkeit von Stickstoffmonoxid.

3.5.3 Signalübertragungsnetzwerke

Sie können -wie in Abb. 3.6 dargestellt- verschiedene Wege der Informationsweiterleitung nehmen. Der Weg über die Elektronenübertragung mittels Weitergabe
von Depolarisation an die Nachbarzelle erfolgt in Bruchteilen von Sekunden über
die *gap junctions*, de Wit et al. (2006). Eine schematische Darstellung zu den verschiedenen Wegen zeigt Abb. 3.6 Ein Vergleich dieser zeigt auch die Arbeit von
Na et al. (2008).

> **Interessant**
> Erfolgt die Überleitung von Information über *gap junctions* via Elektro-
> nenübertragung – stromauf- und - abwärts – ist sie vergleichbar mit einem
> *Fischschwarm* oder *Vogelschwarm: synchronisiert, orchestriert und ohne
> Zeitverlust.*

Verschiedene Signalisierungsnetzwerke endothelialer Informationsweiterleitung

Elektronenübertragung	Transkription und Proteinsynthese	Mechanisch-physikalischer Weg
Stimulus Acetylcholin/Brady-kinin, mikrotaktile Erregung	Stimulus Growth-Faktor	Stimulus Kraft
Die Aktivität des EDHF beruht auf Ca^{++}-abhängigen K$^+$-Kanälen. Auf den K$^+$- Ausstrom folgt Hyper-Polarisation (größere Negativität der Membran). Die Potential-Verschiebung wird über große Strecken synchronisiert und in **Bruchteilen von Sekunden** weiter-geleitet, vergleichbar einem „Fischschwarm" (de Wit et al. 2006)	Transkription führt zu Proteinsynthese im Zellkern. **Minimum Sekunden**	Information wird über die Filamentstrukturen des endothelialen Cytoskeletons sehr schnell (40 mal schneller als der mechanisch-chemische Weg über Transskription) weitergegeben.(Mazzag et al. 2014, Na et al. 2008)

Abb. 3.6 Verschiedene Signalwege der Informationsübertragung auf endothelialer Ebene

3.5.4   Eine einmalige Erfindung: Der „biophysikalische" Weg ist Stabilität und Information gleichzeitig

Da offensichtlich viele Prozesse deutlich schneller ablaufen, als es der *mechano-chemische* Weg erlauben würde - nämlich in wenigen hundertstel von Sekunden - wurde der *„biophysikalische"* *(mechano-physikalische)* Weg durch intensive Erforschung der „Tensegrity"-Struktur des Zellskelettes aufgeschlüsselt und seit ca. 15 Jahren intensiv erforscht. Im Vergleich mit dem mechano-chemischen Weg erwies sich die Geschwindigkeit als ca. 40 Mal schneller, nämlich über eine Entfernung von ~50 µm weniger als 300 ms nach Na et al. (2008).

Die wesentlichen Ergebnisse aus bisheriger Forschung sind:

- sehr schnelle Übertragung mechanischer Reize über große Entfernungen, ohne dass dabei Informationen verloren gehen. Dies wird möglich durch die Übertragung mechanischer Kräfte über das Netzwerk der Filamente.
- die wichtige Fähigkeit der räumlich heterogenen Verteilung einzelner einwirkender mechanischer Kräfte innerhalb der Zellen. Dadurch kann die Kraft auf bestimmte intrazelluläre Stellen konzentriert werden, an denen eine bestimmte Wirkung über ein entsprechendes Signaling und damit eine entsprechende Informationsübertragung erwünscht ist.

Zusatzinformation: Wichtige Erkenntnisse zum biophysikalischen Weg haben Mazzag und Barakat (2010) und Mazzag et al. (2014) u. a. anhand von Computermodellen des „Tensegrity"- Modells ermittelt. Sie beschreiben *oszillatorischen* Stress als "noisy" *in a stochastically changing force*. "[...]" Zitat Mazzag und Barakat (2010). Dieser Ansatz ist höchst interessant hinsichtlich der Möglichkeit, über bestimmte Schallarten als Störfaktor für die sensible endotheliale Ebene nachzudenken und sollte Thema weiterer wissenschaftlicher Arbeiten sein, da dies von erheblicher umweltmedizinischer Bedeutung sein könnte. Pioniere bei der Erforschung des biophysikalischen Weges waren Anfang der 2000-er Jahre: Chien (2007), Davies et al. (2005), Hahn und Schwartz (2009), Na et al. (2008), Wang et al. (2009).

Kleiner Exkurs in die Schallphysik
In der Physik versteht man unter Schall eine mechanische Welle in unterschiedlichen elastischen Medien (flüssig, fest, Gas), die in Fluktuation, Schalldruck, Geschwindigkeit und Frequenz unterschiedlich ist. Die Ausbreitung einer Schallwelle ist ein Energietransport, indem ein Teilchen in einem elastischen Medium in Schwingung gerät und diese Energie an das nächste Teilchen weitergibt. Danach kehrt das vorige in seine Ausgangsposition zurück.

Einen tieferen Einstieg in das Thema Mechano-Transduktion ermöglicht z. B.: Mazzag et al. (2014), Na et al. (2008), Fernandes et al. (2018) sowie die physikalischen Gesetze der Wellenlehre.

3.5.5   Die Sinnesorgane der Endothelzellen: die Mechano-Sensoren

Soweit wir die Mechano-Sensoren der Endothelzelle identifizieren können, ergibt sich das in Abb. 3.7 folgende Bild, das den Stand des Jahres 2019 wiedergibt. Zum Zeitpunkt seiner Entstehung waren die von *Ardem Patapoutian* mit dem Nobelpreis für Medizin 2021 gewürdigten Forschungen über die PIEZO- Kanäle als neu definierte Mechano-Sensoren noch nicht auf dem Stand von heute.

Protein-Mechano-sensoren werden je nach Lage innerhalb der Endothelzelle in ihrer Mikroumgebung direkt oder indirekt durch Scherbelastung auf physikalischem Weg verändert und können in dieser neuen Formation intrazelluläre

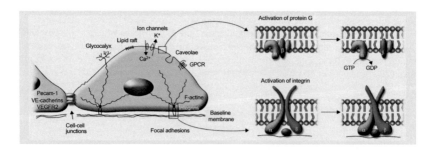

Abb. 3.7   Endotheliale Mechano-Sensoren nach Fernandes et al. (2018) Fig. 7.2

Signalwege aktivieren. Darüber hinaus wird die Fluidität (Fließfähigkeit) von Mikrodomänen (spezifizierte Bereiche) in der Plasmamembran durch den mechanischen Reiz verändert, was zu einer räumlichen Umlagerung verschiedener Proteine und damit auch zur Aktivierung von Signalwegen führt, Fernandes et al. (2018, S. 85–94). Der mit wichtigste Mechano-Sensor ist die *Glykokalix* der Endothelzelle (vgl. Abschn. 3.1.2). Mechano-Transduktion führt zu mechano-chemischem oder/und mechano-physikalischem oder/und elektrischem Signaling mit einer entsprechenden Antwort. Einen tieferen Einblick ermöglicht die Quelle Fernandes et al. (2018). Die Forschungen zum Thema Mechano-Sensorik,-Transduktion und Signalweiterleitung dauern weltweit an. Aufgrund der Komplexität biologischer Systeme und ihrer vielfältigen Einflussfaktoren werden u. a. immer weiter verbesserte Computermodelle angewandt, um hier eine bestmögliche Annäherung zu erzielen mit der Intention, sie mit den laufenden Forschungsfortschritten dann experimentell auch wissenschaftlich bestätigen oder ausschließen zu können.

Merke
Der bisherige Fortschritt in der Erforschung zur Mechano-Transduktion zeigt, dass

- oszillatorischer Stress bzw. auch niedrig laminaren Stress
- oxidativer Stress
- und Hyperlipidämie

die Hauptursachen für die Entwicklung einer chronischen Inflammation (Entzündung) und damit Arteriosklerose darstellen. *Chronischer oszillatorischer Stress* und *oxidativer Stress* sind wiederum kausal über eine nicht adäquate *NO*-Bereitstellung verknüpft: „Nicht die richtige Menge an NO, nicht zur richtigen Zeit, nicht am richtigen Ort".

3.5.6   Spezialfall Piezokanäle: Endotheliale PIEZO-1- und -2-Kanäle, TRPV1-Kanäle und ein neues Kapitel in der Medizin für die Sinnesempfindung der Organe

Seit etwa einer Dekade gibt es Forschung an PIEZO-Kanälen. Mechano-sensitive PIEZO-Ionenkanäle sind evolutionär *konservierte* Proteinstrukturen, die in allen multizellulären Organismen bei *Wirbellosen (Fliege)* und *Wirbeltieren (Fische)* neben anderen Mechano-Sensoren innerer Organe nachgewiesen wurden.

Aufgrund ihrer großen Bedeutung wurden Ardem Patapoutian für die Aufschlüsselung der Proteinstruktur der PIEZO-Kanäle und David Julius für die Beschreibung der TRPV-1- Kanäle in 2021 mit dem Nobelpreis für Medizin ausgezeichnet. PIEZO-1-Kanäle befinden sich an inneren Organen, nach neueren Forschungen auch an glatten Muskelzellen, während PIEZO-2-Kanäle sowohl *endothelial,* als auch in der *Haut* zu finden sind. Die Forschung auf diesem Gebiet ist längst nicht abgeschlossen.

Bedeutend

PIEZO-Kanäle sind ein fundierter Beweis für die Sensorik innerer Organe durch Rezeptoren für Druck und Vibration. Revolutionär daran ist vor allem die Erkenntnis, dass alle tierischen Organismen neben den Sinnen für Sehen, Riechen, Schmecken, Hören und Fühlen der Haut, **auch** eine innere Ebene der Druck- und Vibrationsempfindung haben. Das gilt für alle Wirbeltiere und wirbellosen Tiere.

PIEZO-1-Kanäle befinden sich in inneren Organen u. a. *endothelial.* Sie haben eine jetzt erkannte hohe Bedeutung bei der Verarbeitung von Schubspannung des Blutflusses. Die Daten deuten weiter darauf hin, dass sie körperliche Aktivität sensorisch wahrnehmen und darauf *dichotom* reagieren: Während in der Muskulatur eine deutliche Erhöhung der durchbluteten Kapillaren erfolgt, um ein optimales Angebot an Sauerstoff und Substrat zur Verfügung zu stellen, führen die Reibungsscherkräfte – ausgelöst durch körperliche Aktivität – in den Endothelzellen der mesenterialen Gefäße zu einer Depolarisierung der Membran. Diese bedingen eine Depolarisierung der benachbarten Muskelzelle mit daraus folgender Kontraktion in den mesenterialen Gefäßen. Der Sinn besteht offenbar darin, die *Vasomotorik* während körperlicher Belastung zu optimieren, Rode et al. (2017). PIEZO-1-Kanäle sind außerdem vital in der Embryogenese für die Gefäßentwicklung sowie Homöostase des Blutes. Eine Mutation am Piezo-1-Kanal kann u. a. zur sog. *Hereditary Xerocytosis (syn. dehydrierte hereditäre stomatocytosis), einer leichten bis moderaten Form der hämolytischen Anämie infolge eines Defektes der Durchlässigkeit für Kationen führen.*

PIEZO-2-Kanäle: Haut- und Organ-Mechano-Sensor: Die Haut kann mithilfe der PIEZO-2-Kanäle leiseste Berührungen wahrnehmen. PIEZO-2 reagiert wie PIEZO -1 auf mechanische Reize, indem sich eine Pore zum entsprechenden Kanal öffnet, wenn sich die ihn umgebende Zellmembran dehnt (Abb. 3.8). Sobald dies geschieht, sendet im Fall der PIEZO-2 Kanäle der Haut die Sinneszelle entsprechende Signale zum Gehirn.

TRPV-1-Kanäle: Zur Vervollständigung sollen hier noch kurz die neu entdeckten Kanäle für Temperatur und Schmerz erwähnt werden: ein TRPV-1-Kanal, der durch Temperaturen aktiviert wird, die als schmerzhaft empfunden werden und ein TRPM-8-Kanal, ein verwandter kälteempfindlicher Rezeptor. David Julius (2. Laureat für den Medizin-Nobelpreis 2021) fand die Proteinstrukturen in der Haut, indem er das molekulare Zielorgan für das *Capsaicin* suchte, in Scientific background: Discoveries of receptors for temperature and touch (pdf) (2021).

Zusatzinformation: Für beide PIEZO-Kanäle wird der Öffnungsmechanismus zusätzlich spannungsbedingt geregelt, Moroni et al. (2018). Weitergehendes zur Spannungsabhängigkeit und wie sie beim Säugetier, Wirbellosen oder Wirbeltieren variiert im Originalartikel, Moroni et al. (2018).

Merke

„Alle Mehrzeller hören und fühlen auch mit ihrem Körperinneren"

PIEZO-Kanäle und TRVP1-Kanäle stellen eine völlig neue Grundlage für die Wahrnehmung von Wärme, Kälte, mechanischer Kräfte und Vibration dar, die für unsere Fähigkeit unsere innere und äußere Umgebung zu spüren, zu interpretieren und mit ihr zu interagieren, *von herausragender Bedeutung* ist.

PIEZO-Kanäle des Endothels und ihr faszinierender Aufbau:

Piezo-Proteine bilden *homo-trimere* Strukturen mit einer *zentralen ionenleitenden Pore* und *drei peripheren großen mechano-sensitiven propellerförmigen Flügeln*. Wirkt ein mechanischer Reiz an der Membran auf sie ein, flachen sich

PIEZO-1

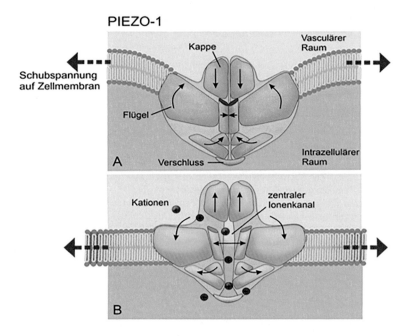

A Geschlossener Kanal. *B* Nach der Einwirkung einer Schubspannung
öffnet sich der Kanal, es folgt Einstrom von Ca⁺⁺-Jonen

Abb. 3.8   Schematische Darstellung der Öffnung eines PIEZO-1-Kanals. *A* Geschlossener Kanal. *B* Nach Einwirkung einer Schubspannung öffnet sich der Kanal. Es kommt zum Einstrom von Ca^{++}-Jonen

die Flügel in einer Öffnungsbewegung ab und geben den Eingang zu einer zentralen Pore frei (vgl. Abb. 3.8 und 3.9). Dort wird ein Na^+/Ca^{2+} Kanal aktiviert und löst über einen Ca^{2+}-Einstrom eine Signalübertragung aus, Rode et al. (2017).

Interessante Dichotomie
Über die *dichotomen* Eigenschaften der PIEZO-1-Kanäle können die Leser eine Vorstellung bekommen, warum körperliche Belastung im Zusammenhang mit sportlicher Betätigung von unserem Gefäßsystem anders

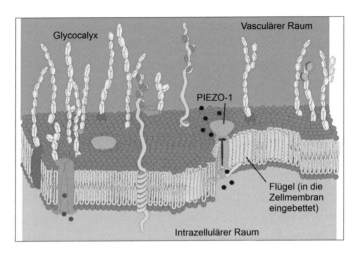

Abb. 3.9 Schematische Darstellung der semipermeablen Lipiddoppelschicht der Endothel-zellmembran mit einem PIEZO-1-Kanal, Glykokalix und Verankerungen mit Filamenten

beantwortet wird, als dies im Zusammenhang mit Arbeit der Fall wäre oder warum der Blutdruck bei regelmäßigem Ausdauersport sinkt.

Endothelzelle als Steuerungsorgan im Rahmen von Entzündung, Blutgefäßneubildung und Blutkoagulation

4.1 Entzündung ist der Versuch, eine Gewebeintegrität wiederherzustellen – ein zweischneidiges Schwert

Wie schon in Abschn. 3.4.2 beschrieben, spielt das Zellskelett durch seine endotheliale *Barriere-* oder *Gate-keeper-Funktion* eine wichtige Rolle beim Eindringen von Bakterien und Viren sowie bei Entzündungsvorgängen. Kontrahieren sich die entsprechenden Fasern der Aktinfilamente, öffnen sich parazelluläre Lücken, die *gaps.* Eine Entzündungsreaktion erfolgt sowohl bei Verletzungen von Geweben entsprechend der Unterbrechung der kapillaren Integrität, als auch beim Eindringen von Fremdkörpern. Weitere Beteiligte an der *Gate-keeper-Funktion* sind z. B. adrenerge Rezeptoren, was in der Therapie einer Leckage Störung z. B. im Rahmen einer Allergie (Anaphylaxie) therapeutisch eingesetzt wird. Das Endothel kann sich selbst durch auftretende immunologische Störungen oder entzündliche Reaktionen in eine dysfunktionale Barriere verwandeln. Weiterführende Literatur dazu in Svensjö und Bouskela (2018).

Beispiel aus der Klinik
Ein klinisches Beispiel für eine Leckage Störung ist die *Albuminurie* bei Diabetes mellitus durch eine gestörte *Gate-keeper-Funktion des Endothels.* Somit ist das Ausmaß der Albuminurie indirekt auch ein Marker für den mit dem Diabetes mellitus einhergehenden Grad der allgemeinen Gefäßbeteiligung.

U. Bellut-Staeck, *Die Mikrozirkulation und ihre Bedeutung für alles Leben,* essentials, https://doi.org/10.1007/978-3-662-66516-9_4

Klinisches Beispiel eines Endothels in dysfunktioneller Form
Während entzündlicher und vor allem fieberhafter viraler oder bakterieller Erkrankungen, findet man regelhaft eine Albuminurie, die allermeist nach Ende der Erkrankung abklingt. Das im Rahmen einer akuten entzündlichen Erkrankung vorliegende Fatigue-Syndrom begründet sich in der endothelialen Dysregulation, die diese Erkrankung ausgelöst hat. Vergleichbares findet sich auch bei Krebserkrankungen. Therapeutisches Ziel: ausreichend Ruhe, Vermeiden von mechanischem Stress und alle Maßnahmen, die geeignet sind, die Mikrozirkulation zu verbessern und die endotheliale Integrität wieder herzustellen.

Merke

- Arteriosklerose
- Asthma bronchiale
- Diabetes mellitus
- Adipositas werden heute als entzündliche Erkrankungen angesehen

Dies erklärt, warum die genannten Erkrankungen bei chronischem Verlauf die endotheliale Integrität herabsetzen, was wiederum andere Funktionen beeinträchtigt, die ebenfalls von endothelialer Integrität abhängen. Ein Beispiel: die Immunabwehrschwächung bei Diabetes mellitus oder die Neigung zu Thrombenbildung bei Arteriosklerose, Krebserkrankungen oder erheblichem Übergewicht.

4.1.1 Mikrobiologische Grundlage der Entzündungskaskade

Entzündung ist ein physiologischer Abwehrmechanismus des Körpers gegen Gewebeschädigung und Infektion, Suthahar et al. (2017). Eine rechtzeitige Entzündungsreaktion ist essentiell, um schädliche Stimuli in angemessener Intensität auszuschalten. Ist die Entzündungsreaktion einmal gestartet, gibt es kein Zurück. Der weitere Verlauf hängt von verschiedenen Faktoren ab und mündet im günstigsten Fall in eine „restitutio ad integrum", im ungünstigen Fall in eine

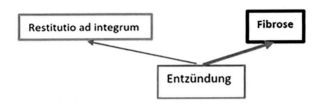

Abb. 4.1 Störung der Homöostase für Entzündungen unter chronischem oszillatorischen und/oder oxidativem Stress

chronische Entzündung mit Fibrose und Defektheilung. Entzündung und Fibrose können als ein Kontinuum von Ereignissen im Rahmen der Gewebeabwehr, -reparatur und -regeneration betrachtet werden, Suthahar (2017). Wichtige Grundsatzarbeiten dazu kommen von Ley (2007) und Serhan et al. (2007). Bei einem **gestörten** Ablauf ist der Verlauf vergleichbar Abb. 4.1.

Da der Ablauf einer Entzündung nach Ley ein „zweischneidiges Schwert ist", also einerseits eine entscheidende Rolle für die Aufrechterhaltung der Gesundheit des Individuums spielt, andererseits für viele schwere pathologische Verläufe in der klinischen Medizin verantwortlich ist, erfolgt hier eine ausführlichere Beschreibung der entscheidenden Phasen. Der „point of no return" ist die **Diapedesis der Leukozyten,** also das amöboide Durchwandern von Leukozyten in den Extrazellulärraum. Was passiert?

Ley beschreibt den Start einer Entzündung wie folgt: Die zirkulierenden Leukozyten bewegen sich passiv im Blutstrom und werden in der Mitte des Kanals durch die laminare Strömung des Blutes mitgerissen. In den *postkapillären Venolen* führen lokale Veränderungen in der Nähe von Entzündungsherden seitens der Hämodynamik zu einer stark reduzierten Blutflussrate. Dies erhöht für Leukozyten die Wahrscheinlichkeit, in Kontakt mit den Endothelien zu kommen. Das *Endothelium* befindet sich dabei für wenige Stunden in einem aktivierten Zustand und exprimiert Adhäsionsmoleküle, die zur Bindung von Leukozyten führt. Das „langsame Rollen" von Leukozyten wird durch ein weiteres induzierbares *E-Selekin* der Endothelien ermöglicht, das auf einer teilweisen Aktivierung von *Integrinen* auf den Leukozyten beruht, Ley (2007). Das Aktin-Zytoskelett ist an diesem Prozess *aktiv* beteiligt. Näheres hierzu in einer weiteren Standardarbeit (Nussbaum und Sperando 2011). Die Abb. 4.2 zeigt das Leukozytenrollen und die Diapedesis der Leukozyten in den Extrazellulärraum.

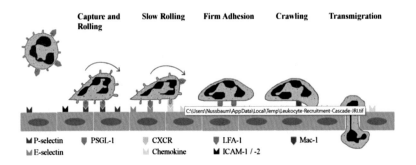

Abb. 4.2 Schematischer Überblick über die Leukozyten-Rekrutierung am Beispiel eines Neutrophilen, der eine postkapilläre Venole verlässt. Das Einfangen und Rollen wird durch die Interaktion von Selektinen mit PSGL-1 auf der Neutrophilen Oberfläche vermittelt. Während des Rollens wird der Neutrophile durch Chemokine aktiviert, die auf dem entzündeten Endothel präsentiert werden, was zu einer festen Adhäsion durch Bindung neutrophiler Integrine (LFA-1 und Mac-1) an endotheliale Adhäsionsmoleküle (z. B. ICAM-1 und -2) führt. Nach der festen Adhäsion wandern die Neutrophilen weiter und beginnen, auf der Suche nach einer geeigneten Stelle für die Transmigration an der Endothelauskleidung entlang zu kriechen. Nussbaum, M. Sperando / Zeitschrift für Reproduktionsimmunologie 90 (2011) S. 74- 81, Abb. 1. Mit Genehmigung

Abb. 4.2 Leukozytenrekrutierung und Durchtritt der Leukozyten nach Original Abb. 1 Nussbaum und Sperando *(2011, S. 75)*

Das langsame Rollen der Leukozyten gibt weiteren Chemokinen - die teilweise aus dem Endothel oder aus dem Extrazellulärraum (ECR) stammen – die Möglichkeit der Aktivierung einer festen Bindung und dann des amöboiden Durchtritts der Leukozyten in den ECR. Selektive Veränderungen der Durchlässigkeit ermöglichen es zellulären Komponenten wie Neutrophilen (PMN) und Monozyten sowie bestimmten Proteinen, vom intra- in den extravaskulären Raum (ECR) zu wechseln. Dabei besteht ein intensives Wechselspiel zwischen sezernierten Proteinen und denen des ECR, Ley et al. (2007), Nussbaum et Sperando (2011). Entzündungshemmende Signale wie *Kortikosteroide* mildern den Schweregrad und begrenzen die Dauer der Frühphase. Sobald die *Diapedese* der Leukozyten eingeleitet wurde, verhindern entsprechende „Checkpoints" und „Stopp-Signale" den weiteren Leukozyteneintritt in das geschädigte Gewebe. In der ersten Phase gelten diese Stoppsignale auch für auflösende Mediatoren wie die Lipoxine,

Resolvine und Prostaglandine, die in einem aktiven proauflösenden Prozess wirken. Dazu die Standardarbeit von Christopher D. Buckley (2014) und Serhan (2007): Auflösende Stoffe ebnen den Weg für das Einwandern der Monozyten und ihre Differenzierung für die Phagozytose und zwar abhängig von der Art der Bakterien, Viren und Fremdkörper.

Entzündungshemmung und Auflösung durch „Resolvine" sind nicht dasselbe, Buckley (2014). Die beiden Phasen können unabhängig voneinander gestört werden. Die Agonisten, die die Auflösung aktiv fördern, stammen von mehrfach ungesättigten Fettsäuren (z. B. *Omega-3-Fettsäuren*). Sie spielen eine Schlüsselrolle bei der Dämpfung von Entzündungen, Suthahar et al. (2017). Sie induzieren „Pro-Resolutions"-Programme in Stromazellen und unterstützen die Apoptose von Entzündungszellen, Buckley (2014). Sowohl Makrophagen, deren Aufgabe es ist tote Zellen zu entfernen, als auch Fibroblasten (Zellen des Stomas) tragen zur Beendigung einer Entzündung bei. Sie normalisieren den Chemokin-Gradienten und eröffnen dadurch den Leukocyten die Möglichkeit, sich einer Apoptose zu unterziehen und das Gewebe über die ableitenden Lymphgefäße zu verlassen, Buckley (2014).

Die geordnete Abfolge der Reaktionen hängt von der **Integrität des Endothels** ab und führt im besten Sinne zu einer vollständigen Auflösung. Andere chemische Mediatoren und auch T- Zellen sind an der Regulierung einer Entzündung beteiligt. (Klassisches klinisches Beispiel einer T-Zellen-Erkrankung ist AIDS). Ein Versagen solcher Regulationsmechanismen kann zu einem Zustand chronischer Entzündung führen, die eine kontinuierliche Gewebeschädigung und fortschreitende Fibrose verursacht. Siehe Einzelheiten im Originalartikel Serhan (2007), Resolution in inflammation. State of the art. Der Ablauf einer Entzündung ist schematisch dargestellt in Abb. 4.3.

Welche große Rolle die Mikrozirkulation spielt und welche Faktoren bei einer ungünstigen Entwicklung bestimmend sind, lässt sich sehr gut am klassischen Beispiel der *chronischen Herzinsuffizienz* aufzeigen.

4.1.2 Beispiel einer chronischen Entzündung: Das Remodeling des Herzens

Das Herz bietet ein sehr gutes Beispiel für die Umwandlung funktionell hochwertigen Gewebes in ein minderwertiges fibrotisches Gewebe, das wir auch als *Remodeling* bezeichnen, Suthahar et al. (2017). Die Homöostase ist in Richtung chronischer Entzündung und Fibrose verlagert, es hat eine strukturelle Gewebeveränderung stattgefunden. Chronische Herzinsuffizienz ist weltweit eine

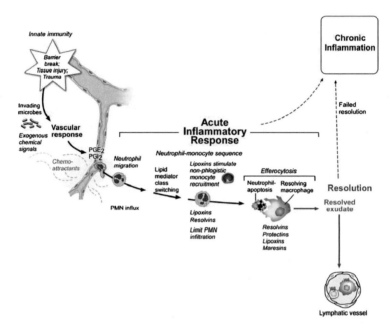

Abb. 4.3 Eine vereinfachte Darstellung des Ablaufs einer Entzündungsreaktion und die Rolle der Proresolutionsmediatoren bei deren Beendigung. Gewebeverletzung löst eine erste vaskuläre Reaktion aus, gefolgt von einem Zustrom von Neutrophilen und Monozyten in den geschädigten Bereich. Nachdem sie diesen erreichen, wandeln sich die Monozyten in Makrophagen um und phagozytieren aktiv die Trümmer. Lymphozyten, die Zellen des adaptiven Immunsystems, modulieren später diese erste Reaktion. Die grundlegenden Mechanismen zur Behebung der Auflösung von Entzündungen sind (1) die Umschaltung der Lipidmediatorklasse, Produktion von Proresolutionsmolekülen wie Lipoxinen und Resolvinen; (2) verstärkte Efferozytose durch Makrophagen; (3) entzündungshemmende Zytokine, die von "auflösenden" Makrophagen und regulatorischen T-Zellen ausgeschüttet werden. Das Scheitern der Resolvierung führt zur Persistenz der Entzündung und damit zu einem chronischen Entzündungszustand, der anhaltende Gewebeschäden verursacht. Angepasste Abbildung reproduziert aus [17] Buckley et al. 2014 mit Genehmigung der Autoren. PGE2, Prostaglandin E2; PGI2, Prostazyklin. Aus Suthahar et al. 2017, S. 237 FIG. 1. Mit Genehmigung

Abb. 4.3 Eine schematische Darstellung der Entzündungskaskade nach der Original-FIG 1 A. Suthahar et al. (2017)

führende Ursache für Morbidität und Mortalität sowie einer der Hauptursachen für häufige Hospitalisationen. Sie reduziert in hohem Maße die Lebensqualität des Individuums. Die Fünf-Jahres Überlebensrate ist häufig geringer als bei den meisten Krebserkrankungen. Während eine akut verlaufende Herzmuskelentzündung sehr rasch zum Tode führen kann, verursacht eine chronische Entzündung fortschreitende strukturelle Schäden mit Umbau und Fibrose des Herzens.

Obwohl die Fibrosebildung der Aufrechterhaltung der Architektur im Rahmen einer Entzündung dient, geht sie bei Fortschreiten mit deutlichen Funktionseinschränkungen bis hin zum Organversagen einher. Im Fall des Herzens führen anhaltender mechanischer, insbesondere aber oszillatorischer Stress zur Aktivierung profibrotischer Moleküle - ausgehend von Myofibroblasten - und zu einer Umwandlung von ruhenden Fibroblasten in aktive kollagenproduzierende Myofibroblasten, Suthahar (2017).

Zusammenfassung Die Entwicklung einer spezifischen Fibrose des Herzens hängt von zahlreichen Faktoren ab. Ein Beispiel für einen der wichtigsten ist anhaltende mechanische Belastung. Nicht nur immunkompetente Zellen, sondern auch Myofibroblasten und Faktoren des ECR modulieren aktiv die Entwicklung einer zunächst perivaskulären und später fortschreitenden Fibrose. Ausgangspunkt können sein: Entwicklung einer Myokarditis in eine chronische Form, Entwicklung nach myokardialem Infarkt, eine chronische Druckbelastung des Herzens durch systemischen Hochdruck oder auch Lungenhochdruck, Suthahar et al. (2017).

Wichtig
Der regelrechte Ablauf aller Phasen des Entzündungsablaufes von der Aktivierungsphase des Endothels über das Leukozytenrollen, die zelluläre Phase und schließlich die Resolutionsphase sind gebunden an *endotheliale Integrität und damit intakte Mikrozirkulation.*

Merke

Chronische Inflammation des Herzens führt via perivaskulärer zu interstitieller Fibrose und damit ggf. zu:

- dauerhafter Funktionseinschränkung, Organschädigung, möglicherweise Organverlust
- durch Narbenproblematik am Herzen zu möglichen elektromechanischen Störungen und
- zu einem sich selbst verstärkenden Prozess durch Vergrößerung der Diffusionsdistanz, Abnahme der Dichte der kleinen Kapillaren, Störung der Angiogenese, also wiederum zu einer verschlechterten Substrat- und Sauerstoffversorgung (ebenfalls proarrhythmogen wirksam)

mit einem sich selbst verstärkenden Prozess: ein *circulus vitiosus*.

4.2   Angiogenese contra Vaskulogenese

Embryologisch entstammen Endothelzellen aus der Differenzierung von Angioblasten und Hämangioblasten und sind somit mesenchymalen Ursprungs.

Von *Vaskulogenese* spricht man bei der Differenzierung von endothelialen Vorläuferzellen (*endothelial progenitor cells* des Mesoderms) und deren Zusammenschluss zu einem primären Kapillarplexus, Li et al. (2006). Sie ist für die Bildung der ersten, primitiven Blutgefäße im Embryo verantwortlich sowie die frühe Versorgung desselben durch Wachstum des Gefäßbaumes, Ferguson et al. (2005). Die Wachstumsrichtung des Gefäßbaumes wird wesentlich über die Schubspannung des Blutstroms und damit Mechano-Transduktion der Endothelzelle geregelt, Hahn und Schwartz (2009). Vitale Funktionen haben dabei die PIEZO-1- Kanäle, ohne die keine Embryogenese stattfinden würde.

Angiogenese ist die Aussprossung kapillarähnlicher Strukturen aus postkapillären Venolen, was im Wesentlichen über Wachstumsfaktoren reguliert wird. Angiogene Stimuli können dabei Gewebehypoxie und mechanische Kräfte wie Scherstress sein. Daraufhin werden verschiedene Zytokine und Mediatoren freigesetzt, die zu Gefäßneubildung anregen. Diese erfolgt dann hauptsächlich auf zwei Arten: intuseptiv und/oder durch Knospung. Hierzu vertiefende Literatur in Quadri (2014) und Sperando und Brandes (2019).

Späteres Gefäßwachstum ist hauptsächlich Angiogenese in physiologischer oder pathophysiologischer Weise:

Klinische Beispiele für physiologische Gefäßneubildung

1. Alle Wachstumsprozesse des Kindes zum Adulten
2. Umgehungskreisläufe bei arterieller Verschlusserkrankung (AVK) z. B. durch Gehtraining im Grenzbereich zum anaeroben Stoffwechsel
3. Menstruelle Zyklus der Frau
4. Umgehungskreisläufe bei chronischer Koronarerkrankung, wobei die Angiogenese aufgrund des inflammatorischen Grundcharakters bei Arteriosklerose oft beeinträchtigt ist (vgl. Abschn. 4.1.2)

Klinische Beispiele für eine pathologische Gefäßneubildung

1. Ausbreitung atherosklerotischer Veränderungen mit Intima media-Verdickung
2. Diabetische Retinopathie
3. Psoriasis
4. Krebswachstum: Entzündliche und maligne Erkrankungen befeuern die Gefäßneubildung und damit Ernährung sowie das Einwandern von Makrophagen mit Metastasierung auch in fernen Organen. Da Tumorzellen einen außerordentlichen Bedarf an Nährstoffen haben, kann dieser ab einer Fläche von über zwei mm^3 nur über zusätzliche Gefäße via Sprossung und/oder intuseptiv gedeckt werden, Sperando und Brandes (2019, S. 241). Hier liegt natürlich auch ein therapeutischer Ansatz der Tumortherapie. Wichtig ist hierbei die durch Hypoxie stimulierte Bildung angiogener Faktoren (v. a. der *VEGF*- und *Angiopoietin*-Familie) durch die Tumorzellen.

4.3 Die endotheliale Rolle bei der Blutgerinnung

Gesundes Endothelium spielt eine wichtige antikoagulatorische und antithrombotische Rolle. Physiologischerweise hemmt das Endothel die Aktivierung von Leukozyten, Plättchen und plasmatischer Gerinnung.

Der auf der einen Seite nützlichen Verschließung eines Gefäßes nach Verletzung durch einen Thrombus, steht die überschießende Reaktion mit Thrombusbildung und Verschluss vieler Gefäße gegenüber. Für die Aufrechterhaltung einer Homöostase hat das **Endothel eine vitale Bedeutung**. Das hat zur Folge, dass Entzündungsvorgänge oder auch Krebserkrankungen mit einer erhöhten Neigung zu Thrombosen einhergehen.

Beispiel

Prominentes Beispiel für eine überschießende Gerinnung mit klinisch schwerem Verlauf: Die disseminierte intravasale Gerinnung (DIC) im Rahmen einer Sepsis.

Hier ein kurzer Exkurs zur Rolle des Endothels in der komplexen Gerinnungskaskade:

Gesundes Endothel zeigt eine hemmende Wirkung auf den Komplex aus aktiviertem Faktor VII und *Tissue Faktor (TF),* indem es die antikoagulatorischen Signalwege *des Protein C (PC)* aktiviert und zudem die Fibrinolyse durch Freisetzung von *Plasminogen-aktivator* unterstützt *(t-PA),* ANNICHINO-BIZZACCHI und VINICIUS DE PAULA (2018) Kap. 11, S. 148. Hier ist auch ein tieferer Einblick ins Thema möglich.

4.3.1 Beteiligung des Endothels bei der COVID-19- Erkrankung

Um in die Wirtszelle zu gelangen, bindet SARS-COV-2 am *Angiotensinconverting-enzyme-2 (ACE2)* -Rezeptor, der besonders stark an den Endothelzellen der Gefäße und den Alverolarzellen der Lunge repräsentiert ist. Vervielfachung und Austritt aus der Zelle bringen die Virusfracht über die Blutstrombahn in alle denkbaren Kapillargebiete, wo sie nicht nur venöse Thrombosen auslösen (klassisches Beispiel: tiefe Beinvenenthrombose), sondern auch Mikrothromben im arteriellen Schenkel verursachen, was klinisch zu einer Vielzahl verschiedener Komplikationen führt, wie sie Verschlüssen in den jeweiligen Stromgebieten entsprechen, Varga Z et al. (2020). Die dadurch reaktivierte Fibrinolyse kann als Anstieg der D-Dimere erfasst werden. Die mit einer schweren COVID-19-Erkrankung einhergehende massive Aktivierung von Zytokinen und Chemokinen *(Interleukine, Tumornekrosefaktor alpha und Interleukin-y)* kann wiederum eine massive endotheliale Dysfunktion auslösen, die zur Selbstverstärkung des Prozesses führt, ÄrzteZeitung (2020).

Der schwere Covid-19 Verlauf ist ein Beispiel für eine gravierende *Endothelialitis,* die hier durch einen Virus verursacht wird. Eine gewichtige Rolle spielen dabei offenbar die Spike-Proteine an der Virusoberfläche, Varga Z et al. (2020). Die Bedeutung von Endothelzellen und Mikrozirkulation bei Erkrankung oder auch Impfreaktionen zu verstehen, ist daher von großer Wichtigkeit und Grundlage jeder optionalen Behandlung.

Mikrozirkulation und Vasomotorik

5

5.1 Grundlagen ihrer komplexen Regulierung

Durch die Pumpfunktion des linken Herzens für den großen Kreislauf (Körperkreislauf) und des rechten Herzens für den kleinen Kreislauf (Lungenkreislauf) – zusammen *Makrozirkulation* genannt - ist der Blutdruck pulsatil und fließt entsprechend seines Druckgefälles innerhalb von ca. 20 s zu jeder erreichbaren Körperzelle. Mit diesem zunächst *konvektiven* Transport erreichen Sauerstoff, Nährstoffe, Wasser und Salze, Hormone, immunkompetente Zellen und der Wärmetransport ihr peripheres Ziel. Im Kapillarnetz angekommen, wird der Nährstoffbedarf der einzelnen Zellen über die Endothelzellen gezielt und hauptsächlich über Diffusion zur Verfügung gestellt (vgl. Abschn. 3.3.1). Der *Filtrationsdruck* für Flüssigkeiten ergibt sich aus der Differenz des effektiven *hydrostatischen Druckes* (für Kapillaren bei 25 mmHg) und des *kolloidosmotischen* Druckes (für Kapillaren normal bei 27 mmHg). Positive hydrostatische Drücke ergeben sich für Organe mit Kapseln, Brandes (2019). Die Gefäße setzen dem Blutstrom Widerstände entgegen, wobei Arterien und Arteriolen den Hauptteil zu etwa 45–55 % am sog. *totalen peripheren Widerstand* ausmachen (die Kapillaren zu 20–25 % und die Venolen zu 3 %). Das Kreislaufsystem ist in sich geschlossen und eine Kombination aus in Serie geschalteter und parallel geschalteter Gefäße, in denen nach *Ohm'schem Gesetz* durch die Parallelschaltung der Gesamtwiderstand mit jeder weiteren parallelen Schaltung abnimmt, Schubert und Brandes (2019). Durch die Regulierung des Widerstandes über die vorgeschalteten Arteriolen, finden wir im Kapillarnetz, das gleichzeitig die größte Oberfläche aller Gefäßabschnitte hat, normalerweise laminare Ströme mit gleichförmiger Geschwindigkeit. Dies ist – wie schon beschrieben-für eine hohe gleichmäßige Bioverfügbarkeit von *NO* eine wichtige Voraussetzung.

© Der/die Autor(en), exklusiv lizenziert an Springer-Verlag GmbH, DE, ein Teil von Springer Nature 2022
U. Bellut-Staeck, *Die Mikrozirkulation und ihre Bedeutung für alles Leben*, essentials, https://doi.org/10.1007/978-3-662-66516-9_5

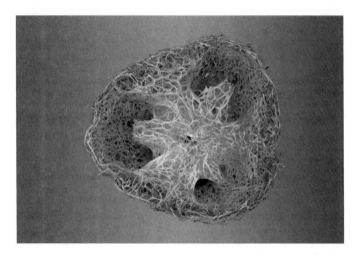

Abb. 5.1 Querschnitt durch das Zellskelett einer Brazilian Cucumber

Tiefere Einblicke in weitere Themen zur Mikro- und Makrozirkulation und ihre hämodynamischen Größen, wie Grundlagen der Blutströmung und des arteriellen Systems, Elastizität von Gefäßwänden, scheinbarer Viskosität u. a. in Brandes (2019), Sperando und Brandes (2019) Schubert und Brandes (2019).

In der Natur aller Organismen erkennen wir bewährte Muster. So auch bei der Struktur des Kapillarnetzes. Die Leitungsbahnen der brasilianischen Spritzgurke Cucumber hat eine dem Kapillarnetz vergleichbare Struktur wie in Abb. 5.1 gezeigt.

5.2   Steuerung des lokalen Blutflusses, die Vasomotorik

Der lokale Blutfluss im Gewebe wird innerhalb einer individuellen Kapillare hauptsächlich durch intrinsische Faktoren gesteuert, extrinsische Faktoren spielen nach Moore und Fraser (2015) eine wichtige Rolle bei der Steuerung des Gesamtblutflusses. Inzwischen wissen wir, dass extrinsische Einflüsse, die hauptsächlich über ZNS und vegetatives Nervensystem ablaufen, sehr wohl in der Lage sind, bestimmte Gefäßbettbereiche übergeordnet erheblich und abrupt zu verändern. Vgl. nachfolgendes Beispiel über das Tsako-Tsubo-Syndrom in Prasad (2007).

Klinisches Bespiel

Das *Tsako-Tsubo-Syndrom oder auch „Broken-Heart-Syndrom"*: Durch das Erleben eines Schockes oder einer schwerwiegenden psychischen Belastung kann es zum klinischen Bild eines Herzinfarktes bzw. schwerer ischämischer Schädigung kommen. ZNS und vegetatives Nervensystem bewirken als *extrinsic factors* eine akute Verschlechterung der Kapillardurchblutung. Im Unterschied zum klassischen Herzinfarkt liegt keine Koronarstenose zugrunde.

5.2.1 Vier Hauptsäulen bilden die Grundlage der intrinsischen Steuerung

Welche nach aktuellem Erkenntnisstand die wichtigsten intrinsischen Einflussfaktoren sind, wird hier aufgeführt:

- Der unter den Grundbegriffen erwähnte *Bayliss-Effekt*, Voets und Nilius (2009): Der Blutfluss wird konstant gehalten. Steigt er, kommt es zu Vasokonstriktion, fällt er, zu Vasodilatation.
- Metabolische Faktoren: Nach der klassischen Stoffwechseltheorie führt eine lokale Hypoxie zu einer erhöhten Freisetzung gefäßerweiternder Substanzen (z. B. *NO, ATP, Prostaglandine, Serotonin*), die einen Anstieg des lokalen Blutflusses verursachen, um den erhöhten Sauerstoffbedarf zu decken. Akkumulierende Metabolite wie *Laktat, Wasserstoffionen, Kalium und Adenosin* halten diesen Effekt aufrecht, C. Nussbaum (2017).
- *Die Laminar-Shear-Stress-Reaktion* durch *Schubspannung* im Gefäß löst - wie schon oben beschrieben - die klassische NO-Bereitstellung und damit Vasodilatation aus, Chien (2007). Die Scherkräfte des Blutes wirken auf die Endothelzellen und verformen diese an der Membranoberfläche, was zu einer Aktivierung endothelialer Mechano-Sensoren führt. Diese vermittelt *NO*-Synthetase (NOS), dann in der Folge die Freisetzung des vasoaktiven Gases *NO*, Nussbaum (2017). *NO* diffundiert zu glatten Muskelzellen, die sich in der Nachbarschaft der Endothelzellen befinden und führt über einen cGMP-abhängigen Signalweg zu Vasodilatation. Die Abgabe ist von intakten nanomechanischen Eigenschaften des Endothels (endothelialer Integrität) abhängig.

- Geheimnisvolle Vasomotion. Sie ist außerordentlich typisch für die Mikrozirkulation. Das erste Mal wurde Vasomotion in einem klassischen Beispiel an einem größeren Gefäß, einer Fledermausvene, beobachtet, Jones TW (1854).

5.3 Vasomotion ist eine der bisher am wenigsten zu erklärenden Phänomene der Mikrozirkulation

Es sind feine, synchronisierte Pulsationen im Kapillarnetz, die den Blutfluss koordiniert vorwärtsbewegen und deren Ursachen und Steuerung bisher nicht vollständig aufgeklärt werden konnten. Gemeinsamer Konsens und Stand des Wissens ist ihre unbedingte Abhängigkeit von der **Unversehrtheit des Endothels**. Es finden im günstigen Fall rhythmische Kontraktionen statt, die **nicht pulssynchron** sind und offenbar einer Optimierung des Nährstofftransportes nach aktuellem Bedarf dienen, Aalkjaer und Mulvany (2020). In der *SDF-Videomikroskopie* kann man sie in vivo beobachten: Die Kapillaren sind dabei in etwa so groß, dass rote Blutkörperchen oder auch immunkompetente Zellen in ihrem Fließverhalten beobachtet werden können.

Zitat von Christian Aalkjaer und Michael J. Mulvany (2020): „Perhaps the only feature related to vasomotion which is agreed by everybody is, that an oscillation of the smooth muscle cell membrane potential is the background for the oscillation of the individual smooth muscle cell tone and also for the synchronization of the smooth muscle cells. When the smooth muscle cell membrane potential has been measured during vasomotion, an oscillation has been observed [53–61]. This strongly suggests that $[Ca^{2+}]$ in the smooth muscle cells is also oscillating in a synchronized manner—and this is indeed the case [62, 63]". "[…]"

Warum altern wir?

6

6.1 Mikrobiologische Grundlage des Alterns

Das Altern eines Organismus ist eng verbunden mit dem Altern seiner Gefäße. Viele Gefäßveränderungen und die daraus entstehende Neigung (Prävalenz) für kardiovaskuläre Erkrankungen sind das Ergebnis einer endothelialen Dysfunktion, die sich über Jahre entwickelt hat. Ihre Endpunkte wie Herzinfarkt, Schlaganfall und chronische Herzinsuffizienz stellen entsprechend die häufigsten Todesursachen im Alter dar. Bei schwerkranken Patienten korreliert das Ausmaß der Schädigung der Glykokalix mit dem Schweregrad der Erkrankung sowie der Sterblichkeit, Pries (2016).

> **Merke**
> Im Zusammenhang mit dem Altern stehen: *Stiffening der Zellkerne, Shedding der Glykokalix, Elastizitätsverlust der Gefäße,* Zunahme adrenerger Mediatoren, oxidativer und mechanischer Stress, schädliche Umwelteinflüsse, Anstieg freier Radikale.

In direkt negativ proportionalem Zusammenhang mit dem Altern steht die immer weiter abnehmende *NO*-Bioverfügbarkeit. In ihrer Rolle, die sie im Zentrum der Homöostase inne hat, wird sie im Laufe des Lebens geschwächt, dadurch die Resistenz der Gefäßwände gegenüber inneren und äußeren Aggressionen herabgesetzt. Folge: Die verschiedenen endothelialen Aufgaben z. B. der vaskulären Tonus- Regulierung und Verhinderung der Adhäsion von Plättchen nehmen ab. All dies trägt zur Entwicklung einer Arteriosklerose bei. Von dieser Entwicklung sind in besonderem Maße betroffen: große und mittlere Arterien insbesondere

U. Bellut-Staeck, *Die Mikrozirkulation und ihre Bedeutung für alles Leben,* essentials, https://doi.org/10.1007/978-3-662-66516-9_6

an Kurven und Abzweigungen, Koronarárterien, Widerstandsgefäße und peri-
phere Arterien (hier ist die *Entwicklung einer arteriellen Verschlusserkrankung
AVK* möglich).

Die Veränderungen des L-Arginine-N0 Signalwegs konnten in Studien als Mit-
ursache für die Herabsetzung der *NO*-Bioverfügbarkeit ermittelt werden, wobei
sie bei Normotensiven ab ca. 60 Jahren auftritt, bei Hypertensiven schon deutlich
früher, Wajngarten et al. (2018). Parallel dazu findet jeweils eine Zunahme oxidativen Stresses und adrenerger Mediatoren statt. Der vaskuläre Alterungsprozess
zeigt sich auf histologischer Ebene in einer Verdickung der Intima media und
zunehmender arterieller Steifheit *(arterial stiffening)*. Dies zeigt die besondere
Notwendigkeit einer guten Blutdruckeinstellung auch schon in jüngeren Jahren.
Da sich endotheliale Dysfunktion und Arteriosklerose gegenseitig bedingen, ist
der Elastizitätsverlust der großen und mittleren Gefäße hauptverantwortlich für
zunehmende mechanische Belastung, also ein in sich selbstverstärkender Prozess.

Wichtig

Die Minderung der *NO*-Bioverfügbarkeit setzt bei Menschen mit norma-
lem Blutdruck mit etwa 60 Jahren, beim Hypertensiven deutlich früher ein.
Daher ist eine Behandlung von Bluthochdruck schon in jüngeren Jahren für
die individuelle Gefäßgesundheit entscheidend.

Zusatzinfo

Ein Marker für endotheliale Dysfunktion im Serum: *AMDA* (symetric
dimethylarginine): identifizert als Inhibitor von *NOS* sowie als endothelialer Dysfunktions- und Arteriosklerose- Marker. Sein Spiegel korreliert
mit zu den kardiovaskulären Risikofaktoren wie Hypercholesterinämie,
Hyperhomocysteinämie, Alter und Rauchen.

6.2   Die Lebensuhr

Telomere befinden sich am distalen Ende der Chromosomen und haben ebenfalls
eine besondere Bedeutung für das Altern. Jede Replikation in der somatischen
Zelle führt zu einer weiteren Verkürzung. Es hat sich gezeigt, dass sie sowohl

eine Art Uhr für das Alter auf der molekularen Ebene, aber auch für den Gesamtorganismus sind. Auch hier zeigt sich ein Zusammenhang mit fortschreitender Arteriosklerose: Die Länge der Telomere korreliert invers mit dem Blutdruck und dem Grad der Arteriosklerose, Babizhayev et al. (2014).

6.3 Wie kann Leben verlängert werden?

Viele Substanzen wurden hinsichtlich dieser Eigenschaft untersucht, Wejngarten et al. (2018), darunter

- die *Sirtuine (Nicotinamide adenine dinucleotide family)*
- *AMP-Kinase:* Ein Nahrungs- und Energiesensor, der katabole Signalwege aktiviert und anabole bremst, wenn ein erhöhtes zelluläres AMP/ATP Verhältnis vorliegt, was z. B. auch durch den Wirkstoff Metformin erreicht wird. Metformin wird bei der Diabetes mellitus Behandlung eingesetzt
- Die Inhibition des *Insulin/Insulin-Like Growth Factor-Receptors*
- die Inhibition des sog. „TOR-Kinase Rezeptors" (mammalian Target of Rapamycin). Rapamycin ist ein Cytostatikum

Auch wenn wir alle Empfehlungen für eine langes und gesundes Leben einhalten, werden unsere Gefäße altern und damit sich die Bedingungen für den Substrattransport reduzieren. Das ist auch der Grund, warum wir graue Haare bekommen, die Elastizität der Haut abnimmt, die Funktionen unserer Organe abnehmen. Wir haben aber durchaus Einfluss auf Dauer und die Qualität unseres Lebens.

Vertiefende Literatur findet sich bei Wejngarten et al. (2018).

Merke

Klare positive Effekte für ein langes Leben konnten gezeigt werden für:

- Lebensführung (Lifestyle) mit einer verminderten Kalorienaufnahme. Sie hat großen Einfluss auf Geschwindigkeit und Stärke der vaskulären Alterung
- Regelmäßige sportliche Bewegung verbessert die endotheliale Funktion und reduziert den Elastizitätsverlust, führt zu RR-Senkung und positiver Rückkopplung

- Salz-reduzierte Diät hat einen positiven Einfluss auf die Elastizität der Gefäße
- Reduktion oxidativen Stresses im Sinne einer ganzheitlichen physischen und psychischen Gesundheit

Für mehrere Pflanzenarten sind lebensverlängernde Wirkungen nachgewiesen worden, wobei die Liste hier natürlich nicht vollständig sein kann.

Pflanzliche Unterstützung

1. *Lithospermum erythrorhizon, Panax ginseng, Ginkgo biloba und Rhodiola rosea* haben günstige Effekte auf die Zellalterung und Lebensverlängerung, durch einen Mechanismus, der mit *Sirtuin SRT1* assoziiert ist.
2. Beispielhaft seien genannt: Antioxidantien wie Vitamin C, Selen, Vitamin D und E

Mikrozirkulation – wie sie gestört oder gestützt werden kann

7

7.1 Mikrozirkulationsstörungen

Mikrozirkulationsstörungen bedeuten eine gestörte Vasomotorik im Kapillarbett der Mikrozirkulation. Konsequenz: Die nach aktuellem Bedarf erforderliche Nährstoff- und O_2-Versorgung ist defizitär, Stoffwechselendprodukte werden nicht ausreichend abtransportiert. Ihre Ursachen sind vielfältig: In der Medizin gehen alle schwerwiegenden Störungen der Makrozirkulation wie Blutverlust, Veränderungen des Blutdrucks, Flüssigkeitsmangel, Permeabilitätsstörungen, kardiogener, septischer oder allergischer Schock mit einer Mikrozirkulationsstörung einher. Alle entzündlichen Erkrankungen, zu denen der Diabetes mellitus ebenso zählt wie der Bluthochdruck, wie Krebserkrankungen und die schwere Adipositas, sind mit ihnen verbunden. Äußere Umwelteinflüsse wie chronische Einwirkung von Stress und Lärm, Umweltgifte können ebenso Auslöser sein wie individuelles Fehlverhalten z. B. Rauchen, Bewegungsmangel und Fehlernährung.Psychische Belastungsfaktoren können - abhängig von der individuellen Kompensationsfähigkeit - Mikrozirkulationsstörungen auslösen (vgl. *7.3.2 Broken-Heart-Syndrom*). Es gilt aufgrund der Funktionsweise der Mikrozirkulation: Kurzfristige Störungen sind kompensierbar und reversibel, längerfristige und chronische nicht (Zeitverlauf und Stärke sind abhängig von der individuellen Konstitution). Es gilt: ein „Zuviel ist immer ein Zuviel". Normalerweise sendet das vegetative Nervensystem bestimmte Signale einer beginnenden Überlastung. Die sollten beachtet werden, da sonst ein großer Energie- und Kräfteverlust im Sinne einer schweren psychophysischen Erschöpfung droht.

© Der/die Autor(en), exklusiv lizenziert an Springer-Verlag GmbH, DE, ein Teil von Springer Nature 2022
U. Bellut-Staeck, *Die Mikrozirkulation und ihre Bedeutung für alles Leben*, essentials, https://doi.org/10.1007/978-3-662-66516-9_7

Fazit

Kurzfristige Mikrozirkulationsstörungen können sein: Schwindel, Konzentrationsstörungen, Sehstörungen, Kopfschmerzen, Tinnitus oder Tinnitus-Verstärkung, Übelkeit, Unwohlsein, Ohrendruck, auch Druckgefühl über der Brust, Schwächung und Müdigkeit, Verminderung der körperlichen Fitness, Atemnot bei größeren Anstrengungen, vegetative Dystonie, Schlafstörungen, Infektneigung.

Langandauernde Störungen der Mikrozirkulation äußern sich in organischen Schäden infolge Verlustes endothelialer Integrität. Es kommt zu Verschiebungen in der Homöostase aller auf der Endothelzellebene zentrierten Lebensprozesse wie:

- Verschiebung der Homöostase für immunologische Prozesse. Mögliche Folgen sind Infektneigung, aber auch die Entwicklung autoimmunologischer Erkrankungen (Beispiel *Hashimoto-Thyreoiditis*). Chronische Entzündungen neigen außerdem zu späteren Krebserkrankungen (Beispiel Barrett-*Syndrom* am Übergang Speiseröhre und Magen)
- Ungleichgewicht des gesamten Redox-Stoffwechsels mit Zunahme von *ROS*.
- Störungen der Gefäßregulation und *Vasomotion* mit längerfristigen Defiziten für die Nährstoff- und Substratversorgung. Die klinischen Folgen sind Schwäche, psychophysische Erschöpfung, die bei längerer Dauer häufig mit einer depressiven Verstimmung und Angststörung einhergeht, wobei hier die mit einer länger dauernden Mikrozirkulationsstörung in Zusammenhang stehende Serotoninverminderung, eine wichtige Rolle spielt

7.2   Beispiele von Mikrozirkulationsstörungen

- Bei akuten Ereignissen: Alle Arten von Schock aufgrund von Blutungen, Allergien, Herzmuskelschwäche, Sepsis, Entzündung.
- Bei chronischen Ereignissen: Immuninsuffizienz bei Diabetes mellitus, ödematöse Erkrankungen mit Leckage – Störung sowie alle Erkrankungen, die mit perivaskulärer Fibrose und späterer Gewebe-Fibrose einhergehen. (Beispiel: Remodeling des Herzens bei chronischer mechanischer Belastung oder nach Myokarditis.)

Merke
Bei allen chronisch entzündlichen Erkrankungen ist eine Selbstverstärkung erkennbar, da die fortgeschrittenen Veränderungen auf der Kapillarbettebene die endotheliale Dysfunktion immer weiter unterhalten. Hinzu kommt eine Rarefizierung des Kapillarbettes mit reduzierter Substrat- und O_2-Versorgung, *ein circulus vitiosus.*
Beispiel: Selbstverstärkung einer chronischen Herzinsuffizienz beim *Remodeling* des Herzens.

7.3   Beispiele, die den Einfluss des extrinsic systems über das ZNS und vegetative Nervensystem aufzeigen

7.3.1   Der Hörsturz

Die Durchblutungssituation für die inneren Gehörzellen ist aus rein anatomischen Gründen sensibel im Sinne der Durchblutung der „letzten Wiese". Hypovolämie, aber insbesondere schwere akute Erlebnisse (Schockerlebnis) oder chronische psychische Belastungen können zu einer solch schwerwiegenden Störung der Feindurchblutung führen, dass ein Infarkt im Bereich der inneren Gehörzellen auftritt, der sich dann in akutem Hörverlust mit oder ohne Tinnitus äußert. Man denke hier an den Wegfall der großen Flussreserve der Mikrozirkulation.

7.3.2   Das Apical - balloon -syndrome oder Broken-Heart-Syndrom

Es wird auch *Tsako-Tsubo-Syndrom* genannt (vgl. Abschn. 5.2), weil das Herz durch eine Kontraktilitätsstörung des linken Ventrikels vorübergehend die Gestalt ähnlich eines Fangkorbes für Tintenfische (aus dem Japanischen) annimmt, Prasad (2007). Das Syndrom ist zunächst klinisch und laborchemisch von einem myokardialen Infarkt nicht zu unterscheiden, auch ST- Hebungen im EKG sowie typische Laborbefunde können beobachtet werden. Was es aber grundsätzlich von einem Herzinfarkt unterscheidet, ist die Abwesenheit von Herzkranzgefäßverschlüssen. Auslöser sind oft schwere psychische Belastungen, wie sie z. B. nach dem Verlust eines Ehepartners auftreten können. Die akute Mikrozirkulationsstörung der Koronargefäße ist bei Erkennen grundsätzlich reversibel. Eine große Rolle spielt hier die Empfänglichkeit des Einzelnen, aber auch das Geschlecht. Frauen sind deutlich häufiger betroffen.

7.3.3   M. Sudeck

Das *Sudeck-Syndrom* ist nicht so leicht als Folge einer Mikrozirkulationsstörung zu erkennen, ist aber ein Beispiel, wie klassischerweise nach einer Radiusfraktur durch ungünstige physische und psychische Faktoren eine schwerwiegende Heilungsstörung mit trophischen Störungen und vegetativer Beteiligung entstehen kann.

Das Zusammenspiel physischer und psychischer Faktoren bei der Mikrozirkulation

8

8.1 Die Mikrozirkulation als anatomische Einheit physischer und psychischer Gesundheit: *Mens sana in corpore sano*

Vor der Interaktion liegt die Wahrnehmung von Reizen und Eindrücken, die teils bewusst, überwiegend jedoch unbewusst erfolgt. Für die Wahrnehmung stehen den Organismen komplexe sensorische Möglichkeiten (mindestens „sieben" Sinne) zur Verfügung: Sehen, Hören, Riechen, Schmecken Fühlen, Tasten und Körperbalance.

Wir hören und fühlen nach aktuellen Erkenntnissen **auch** mit unserem Körperinneren (vgl. Abschn. 3.5.6), was die Wahrnehmungsebene aller Organismen vervielfacht. Praktisch gleichzeitig mit der sensorischen Aufnahme findet in Sekundenbruchteilen eine Bewertung der in Vielzahl zeitgleich aufgenommenen Reize auf der Ebene des ZNS statt, wo vergleichbar einer Datenbank auf 1000- de Erinnerungen und -Erinnerungsfilme zurückgegriffen und Assoziationen ausgelöst werden. Die Antwort, die dann über humorale, neurokrine und elektrische Signale erfolgt, ist das Ergebnis dieser daraus folgenden Gesamtbewertung. Das anatomische Korrelat für die Verbindung von Physis und Psyche ist die Mikrozirkulation.

Wie ein Sinneseindruck oder Reiz bewertet wird, hängt sehr von der aufnehmenden Persönlichkeit ab, die sich in ihrer Werteinstellung, ihrem Selbstbewusstsein, ihren emotionalen Lernmustern, ihrer Emotionsbilanz, ihrem Erfahrungsmuster, ihrer Stresslabilität und Sinnesschärfung, abbildet. Die Erfahrung von Freude, Verlässlichkeit und Liebe von Beginn einer menschlichen Existenz an, schafft die wichtigste Grundlage für die seelische Stärkung, die Entwicklung von Selbstvertrauen und einer hohen empathischen Intelligenz.

© Der/die Autor(en), exklusiv lizenziert an Springer-Verlag GmbH, DE, ein Teil von Springer Nature 2022
U. Bellut-Staeck, *Die Mikrozirkulation und ihre Bedeutung für alles Leben*, essentials, https://doi.org/10.1007/978-3-662-66516-9_8

Es sind aber nicht nur Reize wie Wärme, Licht, Farben, Berührung, Klänge - verschiedener Frequenz und Stärke -, die im Zusammenspiel miteinander zu einer Bewertung und entsprechenden Reaktion führen. Es ist der Gedanke selbst, der eine Reaktion auf der mikromolekularen Ebene auslöst. Dies ist auch Thema der *neuromentalen Medizin.*

Über diesen Weg eröffnet die umfassende Sensorik den Lebewesen eine Welt der Emotionen wie Freude, Traurigkeit, Abwehr, Verwirrung und Angst.

Die intime Körper/Geist- Beziehung ist bekannt seit Hippokrates, ohne dass er in dieser Zeit Einblick in die molekularen Grundlagen haben konnte.

Merke

Positive Gefühle lösen eine Verbesserung der Mikrozirkulation aus, negative eine Verschlechterung. Daraus folgt: Gedankliches „Kreisen" um eine Belastung muss vermieden werden. Es verstärkt die Belastungsreaktion auf der molekularen Ebene.

Gedanken über positive Erlebnisse im zwischenmenschlichen Bereich, Wohlfühlen, Freude, Naturerleben und Lachen, verbessern die Mikrozirkulation.

Es gilt: „Ändere was Du ändern kannst, wenn es dich belastet." Warnsignale sendet hier das vegetative Nervensystem. Was Du nicht ändern kannst oder in der Vergangenheit liegt, lass los. „Verstärke was Dich stützt."

Jedes Individuum hat hier die Möglichkeit der individuellen Einflussnahme. Alleine die Vorstellung an eine schöne Umgebung, einen grünen Wald, Erinnerungen an Momente des Glücks, Lächeln, bewusste Auszeiten bewirken eine entsprechende Reaktion auf der molekularen Ebene. Über diesen Weg führen auch Ruhe und Meditation, Yoga, Sport mit Spaß (z. B. Tanzen), Atemtherapien, Abenteuer mit Freunden, bewusstes Erleben intakter Natur, ein freier Horizont zu einer Verbesserung der Mikrozirkulation. Unsere Verantwortung für die Bewahrung der Ökosysteme, unberührter Naturlandschaften und Wildnisse ist deshalb von größter Bedeutung, da ihr Erhalt eine Lebensgrundlage **aller Organismen** bedeutet, in der der Mensch nur eines von vielen Mitgliedern ist. Hierzu empfehle ich einen weiterführenden Link über den Philosophen Hans Jonas zur Verantwortungsethik:

Abb. 8.1 Küstenseeschwalbe mit ihrem Jungen im Küstengebiet Wattenmeer Nordsee

https://www.philosophie.ch/verantwortung-hans-jonas Moser (2017) In Abb. 8.1 ist eine Küstenseeschwalbe mit ihrem Jungen dargestellt. Wenn wir ihren Flug nicht mehr beobachten können, den Gesang der Feldlerche nicht mehr hören, haben wir etwas Entscheidendes verloren.

> *„Eine unzerstörte Natur gibt Halt, Verlässlichkeit und Identität. Musik und Kunst haben - losgelöst vom Zeitgeschehen - ihre ganz eigene zeitlose Bedeutung für Schönheit, Ästhetik, Spiritualität und Freude".*

8.1.1 Konsequenzen für den zwischenmenschlicher Umgang

Es gilt für den Umgang der Menschen untereinander: Bestätigung und Lob durch uns wichtige Personen, Anerkennung, Verlässlichkeit, Zuneigung, Vertrauen und Humor, stützen uns und den Mitmenschen. Insbesondere Kinder, aber auch junge Erwachsene sind in hohem Maße auf eine positive Verstärkung angewiesen, es gibt ihnen Kraft, stärkt ihre Konzentration, trägt entscheidend zur Bildung von Selbstbewußtsein bei. Die Verstärkung erfolgt zusätzlich durch Gesten, Lächeln und Berührung.

Vergleichbares lässt sich auf die berufliche Ebene übertragen: Ein Arbeitgeber stützt seinen Mitarbeiter durch Lob, Anerkennung und Übertragung von Verantwortung. Dies motiviert ihn, während das Gegenteil, z. B. ständiges Kritisieren den Mitarbeiter schwächen wird, seine Konzentration und Kraft vermindern wird.

Das folgende Beispiel zeigt auf, was passiert, wenn ein hier viermonatiges Baby, das überlebensnotwendig auf Zuneigung angewiesen ist, Ablehnung erfährt:

> **Beispiel**
> In einem nur zwei Minuten andauernden Versuchsablauf setzte eine Vertrauensperson eine undurchdringliche Miene auf und sah das Baby ohne Emotionen an. Das Baby reagierte schon nach wenigen Sekunden mit Verzweiflung. Da die Reaktion des Babys einen direkten Einfluss auf seine Mikrozirkulation hat, wird nicht nur die Ausbildung eines guten Selbstvertrauens negativ beeinflusst, sondern auch die Ausbildung seines Gehirns, von der wir wissen, dass sie wesentlich im ersten halben Jahr eines Kindes erfolgt.

Viele Studien zeigen den Zusammenhang von psychischer Belastung und kardiovaskulären Erkrankungen. Diesen zufolge sind Herzinfarkte zu einem Drittel mit mentalem Stress assoziiert. So hat die bekannte *„Framingham"*-Studie gezeigt, dass psychosoziale Belastungen ein größerer Risikofaktor sind als Diabetes, Rauchen, Fettleibigkeit, schlechte Essgewohnheiten und Bewegungsmangel, Rozanski et al. (2005).

8.2   Kurzer Ausflug in die Biochemie

Betrachtet man psychischen Stress aus biochemischer Sichtweise stellt man die Aktivierung zweier Systeme fest:

- Über eine *ACTH*-Ausschüttung in der Adenohypophyse wird sowohl die Glucocorticoid-Ausschüttung aus der Nebennierenrinde aktiviert als auch eine Ausschüttung von *antidiuretischem Hormon (ADH)*. Dem voraus geht eine Freisetzung von *corticotropin-releasing-factor (CRF)* im Hypothalamus. Glucocorticoide sind Stresshormone, die dem Körper mittelfristig über Genexpression mehr Energie zur Verfügung stellen, Lang und Föller (2019).

Sie haben bei häufiger und verlängerter Ausschüttung einen stark steigernden Effekt auf freie Radikale *(ROS)*, was sich wiederum nachteilig auf die *endotheliale Integrität* auswirkt.

- Aktivierung des sympathischen Nervensystems *(SNS)*, Jänig und Baron (2019). Adrenerge Stimulation erhöht den vaskulären Tonus, den myokardialen Sauerstoffverbrauch, die Plättchen-Produktion und die Aktivierung des *Renin-Angiotensin-Aldosteron-Systems*. Eines dieser Produkte ist das Angiotensin-2, das über seine Rezeptoren an den Endothelzellen die Blutdruckregulation wesentlich beeinflusst. Die kurzfristige Aktivierung des Sympathikus soll dem Körper ebenfalls vermehrt Energie (z. B. über Blutdruckanstieg) zur Verfügung stellen. Auf längere Sicht würde auch dieser Signalweg oxidativen Stress und konsequenterweise eine Verminderung der *NO-Verfügbarkeit* mit Entwicklung endothelialer Dysfunktion bedeuten. Der erfolgreiche Einsatz entsprechender Medikamente aus der Gruppe der *ACE 2-Hemmer (Angiotensin-converting-enzyme 2 inhibitor)* oder *AT1-Blocker (Angiotensin-1-Blocker)* wird hieraus verständlich.

8.3 Möglichkeiten, die uns die enge Geist-Körper-Beziehung eröffnet

Ich möchte diese an zwei Beispielen verdeutlichen. Auf einer meiner Reisen durch die Welt hatte ich eine Begegnung mit Shaolin-Mönchen. Nach einer vorbereitenden Meditation zeigten sie uns, wie der Körper zu Leistungen ertüchtigt werden kann, die aufgrund der physischen Kondition eines Menschen normalerweise nicht möglich wären: 'Über die Sammlung ihrer Geisteskraft befähigten sie sich dazu. Nach einer sekundenlangen Konzentrationsphase im Sinne der Abfolge:

Vision➜ Ziel ➜Ausführung

zerschmetterten sie mit der Handkante mehrere Ziegelsteine in Bruchteilen einer Sekunde.

Eine andere wahre Begebenheit: Ein weibliches Crewmitglied auf einem Schiff im Golf von Mexiko stürzte, ohne von den Kameraden bemerkt worden zu sein, nachts über Bord. Sie hatte keine Rettungsweste an. Mit der absoluten Konzentration auf den Wunsch, ihre Familie wiedersehen zu wollen und in festem

Glauben, gerettet zu werden, trieb sie 24 h in offener See. Sie wurde gerettet. Aufgrund dieser fast übermenschlichen Leistung wurde in einem Schwimmbecken mit einer Schwimmerin in vergleichbarem Alter und vergleichbarer Kondition der Versuchsablauf nachgestellt. Diese Schwimmerin gab nach wenigen Stunden aus Erschöpfung auf. Vergleichbares kennen wir aus dem Tierreich.

Was Sie aus diesem *essential* mitnehmen können

- Die Konsequenzen, die unser Umgang sowohl mit uns selbst als auch mit anderen hat, sind deutlich größer als gedacht. Dies gilt sowohl im privaten Bereich als auch im Berufsleben oder im Umgang innerhalb jeder sozialen Gruppe.
- Jedes Wort - jede Geste - jede Handlung - hat Konsequenzen, im positiven wie auch im negativen Sinn. Es liegt hauptsächlich am Individuum selbst, Glück zu empfinden sowie seine körperliche und geistige Gesundheit, sowie die anderer zu verbessern oder aber zu schwächen.
- Wir stellen fest: Regulationen auf der mikrovaskulären Ebene stehen in einem sensiblen inneren Gleichgewicht miteinander. Störungen, die es in Ungleichgewicht bringen können, sind vor allem äußere Stressoren.
- Alle Teilnehmer und Prozesse der Biosphäre dieser Erde sind miteinander vernetzt und befinden sich in Abhängigkeit voneinander. Dabei hängt „alles mit allem" zusammen (GAIA-Theorie, Lovelock 2021). Störungen können innerhalb dieses dynamischen Gleichgewichts normalerweise ausgeglichen werden, dauerhafte und schwerwiegende wie die fortlaufende Zerstörung von Natur- und Wildnisgebieten, führen zu einem Kollaps.
- Die einem Menschen oder Tier zur Verfügung stehende Energie begründet sich nicht nur aus realen „Nährstoffen", sondern auch aus "geistiger Nahrung" wie einem intakten emphatischen Umfeld, intakter Natur und der Freude, die daraus erwächst. In diesem Sinne müssen wir die homozentrische Ebene verlassen und akzeptieren, dass Gesundheit bedeutet: Gesundheit für alle oder „one health world".
- Achtsamkeit gegenüber einem unserer wichtigsten Organe: dem Blutgefäßsystem mit seinem Endothelzellverband und seiner Mikrozirkulation. Es hat in einer Art Schaltstellenfunktionen zwischen dem Blutgefäßsystem und den

U. Bellut-Staeck, *Die Mikrozirkulation und ihre Bedeutung für alles Leben*, essentials, https://doi.org/10.1007/978-3-662-66516-9

umgebenden Geweben eine solche Vielfalt lebenswichtiger Funktionen, dass dies zu einer Revolution in der Sichtweise von Medizin und Biologie führen muss sowie in diesem Sinne zu einem verantwortlichen Umgang mit allen Lebewesen und der sie umgebenden Umwelt.

Literatur

Aalkjaer C, Mulvany MJ Microcirculation in Cardiovascular Diseases (2020) In: *Structure and Function of the Microcirculation.* Hrsg.: Enrico Agabiti-Rosei, Anthony M. Heagerty, Damiano Rizzoni Springer Nature Switzerland AG (2020). Series Title Updates in Hypertension and Cardiovascular Protection. Publisher:Springer. ISBN 978-3-030-47800-1

Ärzte Zeitung (2020) Veröffentlicht: 21.04.2020, 14:05 Uhr. Springer Medizin Verlag Gm bH https://www.aerztezeitung.de/Medizin/COVID-19-ist-auch-eine-systemische-Gefaes sentzuendung-408778.html. Zuletzt gesehen 23.09.22

ANNICHINO-BIZZACCHI J, VINICIUS DE PAULA E. (2018) 11. *Blood Coagulation and Endothelium* p 147-152. Vascular Biology and Clinical Syndromes. Kap 11 S. 147-152. In ENDOTHELIUM AND CARDIOVASCULAR DISEASES. Edited by PROTA´ SIO L. DA LUZ.PETER LIBBY ANTONIO C. P. CHAGAS. FRANCISCO R. M. LAURINDO. ISBN 978-0-12-812348-5

Babizhayev MA, Vishnyakova KS, Yegorov YE. *Oxidative damage impact on aging and age-related diseases: drug targeting of telomere attrition and dynamic telomerase activity flirting with imidazole-containing dipeptides.* Recent Pat Drug Deliv Formul 2014;8(3):163–92

Brandes R (2019) *Makrozirkulation Physiologie des Menschen*, Bd. 32, C. Springer Verlag GmbH Deutschland, ein Teil von Springer Nature. R. Brandes, F. Lang, RF Schmidt (Hrsg.) Kap. 19 ISSN: 0937-7433. Springer Lehrbuch. ISBN 978-3-662-56467-7 ISBN 978-3-662-56468-4 (Ebook). DOI https://doi.org/10.1007/978-3-662-56468-4_20

Buckley[1] CD, Gilroy[2] DW, Serhan[3] CN (2014) *Pro-Resolving lipid mediators and Mechanisms in the resolution of acute inflammation,* Immunity. 2014 March 20; 40(3): 315–327. doi: 10.1016/j.immuni.2014.02.009.

Chien S (2007) *Mechanotransduction and endothelial cell homeostasis: The wisdom of the cell AJP Heart and Circulatory.* Physiology 292(3):H1209-24, DOI:10.1152/ajpheart. 01047.2006SourcePubMed

COVID-19 ist auch eine systemische Gefäßentzündung. Nachrichten springer https://www. springermedizin.de/covid-19/entzuendliche-arterienerkrankungen/-covid-19-ist-auch-eine-systemische-gefaessentzuendung-/17916246, gesehen 23.09.22

Davies, P, Spaan JA, Krams R (2005). *Shear stress biology of the endothelium.* Ann Biomed Eng 33: 1714–1718

De Backer D, Ospina-Tascon G, Salgado D, Favory R, Creteur J, Vincent JL. (2010) *Moni-toring the microcirculation in the critically ill patient: current methods and future approaches.* PMID: 20689916 https://doi.org/10.1007/s00134-010-2005-3

De Wit C, Hoepfl B, Wolfle S E (2006) *Endothelial mediators and communication through vascular gap junctions.* Biol Chem, 387, 3–9.

Dudek, S., J. Jacobson, E. Chiang et al. 2004. *Pulmonary endothelial cell barrier enhance-ment by sphingosine 1-phosphate: roles for cortactin and myosin light chain kinase.* J Biol Chem 279: 24692–700.

Durán WN 1, Sánchez FA 2, Breslin JW 3 (2011) *Microcirculatory Exchange Function.* Department of Pharmacology and Physiology, University of Medicine and Dentistry of New Jersey, New Jersey Medical School, Newark, NJ, USA. Department of Pharmaco-logy and Physiology and Department of Surgery, Chapter In: Comprehensive Physiology (1/2011). Program in Vascular Biology USA DOI: 10.1002/cphy.cp020404

Fernandes CD, Araujo Thaı´s S, Laurindo FRM, Tanaka LY 7 (2018) *Hemodynamic Forces in the Endothelium. Mechanotransduction to Implications on Development of Atheroscle-rosis.* Kap.7, S 85-94 In: ENDOTHELIUM AND CARDIOVASCULAR DISEASES. Vascular Biology and Clinical Syndromes. Edited by PROTASIO L. DA LUZ.PETER LIBBY ANTONIO C. P. CHAGAS. FRANCISCO R. M. LAURINDO. Publisher: Mica Haley. Sao Paolo. ISBN 978-0-12-812348-5

Francisco R.M. Laurindo M, Liberman DC. Ferreira Leite F. and P (2018) *Endothelium-Dependent Vasodilation: Nitric Oxide and Other Mediators.* Vascular Biology and Clinical Syndromes Kap.8 S. 96-113 In ENDOTHELIUM AND CARDIOVASCULAR DISEASES. Edited by PROTA´ SIO L. DA LUZ.PETER LIBBY ANTONIO C. P. CHA-GAS. FRANCISCO R. M. LAURINDO. Publisher: Mica Haley. Sao Paolo. ISBN 978-0-12-812348-5

Fuller RB (1975). Synergetic. McMillian, New York, architect. In Guimarães Di Stasi M, Pratschke A *Acting Cybernetically in Architecture: Homeostasis and Synergy in the Work of Buckminster Fuller.* Cybernetics and Human Knowing. Vol. 27 (2020), no. 3, pp. 65–88

Ferguson, J.E., 3rd, Kelley RW, Patterson C (2005). *Mechanisms of endothelial differentia-tion in embryonic vasculogenesis.* Arterioscler Thromb Vasc Biol 25: 2246–2254

Hahn C, Schwartz MA (2009) *Mechanotransduction in vascular physiology and atheroge-nesis.* 2009.Nat Rev Mol Cell Biol 2009;10:53–62

Jänig W, Baron R (2019) *Peripheres vegetatives Nervensystem* Kap. 70 In Physiologie des Menschen Bd. 32 Springer Verlag GmbH Deutschland, ein Teil von Springer Nature 2019. R. Brandes, F. Lang, RF Schmidt (Hrsg.) Springer-Lehrbuch. https://doi.org/10.1007/978-3-662-56468-4_20 (eBook)

Jonas, Hans https://www.philosophie.ch/verantwortung-hans-jonas gelesen 24.09.22

Jones TW (1854) *Discovery that the veins of the bat's wing are endowed with rhythmical contractility and that onward flow of blood is accelerated by each contraction.* Phil Trans Roy Soc Lond. 1852; 142:131–6

Lang F, Föller M (2019) *Allgemeine Endokrinologie* Kap. 73 In Physiologie des Menschen, Bd. 32, C. Springer Verlag GmbH Deutschland, ein Teil von Springer Nature. R. Brandes, F. Lang, RF Schmidt (Hrsg.) Kap.19 ISSN: 0937-7433. Springer Lehrbuch. ISBN 978-3-662-56467-7 ISBN 978-3-662-56468-4 (eBook). DOI https://doi.org/10.1007/978-3-662-56468-4_20

Lovelock J. (2021). *Das Gaia-Prinzip.* München: Oekom-Verlag (1. Aufl. 1979)

Ley K, Laudanna C, Cybulsky MI, Nourshargh S (2007) Getting to the site of inflammation: the leukocyte adhesion cascade updated. Nature Reviews Immunology volume 7,
pages 678–689 (2007)

Li B, Sharpe EE, Maupin AB et al. (2006). *VEGF and PlGF promote adult vasculogenesis by
enhancing EPC recruitment and vessel formation at the site of tumor neovascularization.*
FASEB J 20: 1495-1497

Mazzag B, Barakat AI (2010) *The Effect of Noisy Flow on Endothelial Cell Mechanotransduction: A Computational Study.* Article in *Annals of Biomedical Engineering* (October
2010). DOI: https://doi.org/10.1007/s10439-010-0181-5

Mazzag B, Gouget C, Hwang, Barakat AI (2014) *Mechanical Force Transmission via the
Cytoskeleton in Vascular Endothelial Cells.* Kap. 5, S: 91-115 In: Endothelial Cytoskele-
ton Editors Juan A. Rosado and Pedro C. Redondo Department of Physiology, University
of Extremadura Cáceres, Spain, A SCIENCE PUBLISHERS BOOK p, 2014 by Taylor &
Francis Group. International Standard Book Number-13: 978-1-4665-9036-6 (ebook –
PDF) (2014). CRC Press. https://doi.org/10.1201/b15421

Moore PR J, Fraser J (2015) *Microcirculatory dysfunction and resuscitation: Why, when, and
how.* Article in BJA British Journal of Anaesthesia · September 2015. the University of
Queensland, Alex Dyson, University College London. DOI: https://doi.org/10.1093/bja/
aev163s

Moroni M, Servin-Vences MR, Fleischer R, Sanchez-Carranza O, Lewin GR *Voltage-gating
of mechanosensitive PIEZO channels.* Now published in Nature Communications doi:
https://doi.org/10.1038/s41467-018-03502-7

Na S, Collin O, Chowdhury F, Tay B, Ouyang M, Ouyang M, Wang Y, Wang N. (2008) Rapid
signal transduction in living cells is a unique feature of mechanotransduction. Department of Mechanical Science and Engineering and Bioengineering, University of Illionois
at Urbana- Champaign, Urbana, IL 61801. Edited by Thomas P. Stossel, Harvard Medical School, Boston, MA, and approved March 12, (2008) PMID: 18456839 DOI:https://
doi.org/10.1073/pnas.0711704105

Nussbaum, CF. (2017) *Neue Aspekte der Mikrozirkulation im Rahmen von Entzündung,
Entwicklung und Erkrankung* Kumulative Habilitationsschrift, Aus der Kinderklinik und
Kinderpoliklinik im Dr. von Haunerschen Kinderspital Ludwig-Maximilians-Universität
München, Direktor: Prof. Dr. med. Dr. sci. nat. Christoph Klein, (2017) München

Nussbaum C, Sperandio M. (2011): *Innate immune cell recruitment in the fetus and neonate.*
J Reprod. Immunol 2011; 90(1):74–81. (IF 2,966)

Prasad A (2007) *Apical ballooning syndrome (Tsako-Tsubo or stress cardiomyopathy): A
mimic of acute myocardial infarction.* From the Division of Cardiovascular Diseases and
Department of Internal Medicine, From the Foundation, Rochester, MN. doi: https://doi.
org/10.1016/j.ahj.2007.11.008

Pries A (2016) *Coronary microcirculatory pathophysiology: Can we afford it to remain a
black box?.* European Heart Journal 38(7) DOI: https://doi.org/10.1093/eurheartj/ehv760

Quadri SK, *Endothelial Actin Cytoskeleton and Angiogenesis.* (2018) Kap 3 In: Endothelial
Cytoskeleton Editors Juan A. Rosado and Pedro C. Redondo Department of Physiology,
University of Extremadura Cáceres, Spain, A SCIENCE PUBLISHERS BOOK p, 2014
by Taylor & Francis Group. International Standard Book Number-13: 978-1-4665-9036-6
(ebook – PDF) (2014). CRC Press. https://doi.org/10.1201/b15421

Reitsma S, Slaaf DW, Vink H, van Zandvoort MAMJ, oude Egbrink MGA (2007) *The endothelial glycocalyx: composition, functions, and visualization.* Pflugers Arch. 454:345-359.

Rode B, Shi J, Endesh N, Drinkhill P, Webster PJ, Lotteau S et al. (2017) *Piezo1 channels sense whole body physical activity to reset cardiovascular homeostasis and enhance performance.* NATURE COMMUNICATIONS 2017 Aug 24;8(1):350. PMID: 28839146 PMCID: PMC5571199. DOI: https://doi.org/10.1038/s41467-017-00429-3

Rozanski A, Blumenthal JA, Davidson KW, et al. *The epidemiology, pathophysiology, and management of psychosocial risk factors in cardiac practice: the emerging field of behavioural cardiology.* J Am Coll Cardiol 2005; 45:637–51.

Susanne Moser, S (2017) *Zur Verantwortungstheorie* Jonas, Institut für Axiologische Forsch. Graz DOI: https://doi.org/10.25180/lj.v18i1.35 https://www.philosophie.ch/ver antwortung-hans-jonas. gelesen 23.09.22

Scientific background (2021). *Discoveries of receptors for temperature and touch* (pdf). gelesen 08.08.2022. Nobelpreiskomitee 2021. www. Scientific background:Discoveries of receptors for temperature and touch (pdf)

Serhan CN, Brain SD, Buckley CD, Gilroy DW, Haslett C, O'Neill LA, Perretti M, Rossi AG, Wallace J (2007) *Resolution of inflammation: state of the art, definitions and terms.* FASEB J. 2007; 21:325–32. doi: 10.1096/fj.06-7227rev

Schubert R, Brandes R (2019) *Regulation des Gesamtkreislaufs* Kap. 21 In Physiologie des Menschen, Springer-Lehrbuch Aufl. 32 Springer Verlag GmbH Deutschland, ein Teil von Springer Nature 2019. R. Brandes et al. (Hrsg.) Springer-Lehrbuch. https://doi.org/10. 1007/978-3-662-56468-4_20 (eBook)

Sperando M, Brandes R (2019) *Mikrozirkulation.* Physiologie des Menschen Kap. 20. Aufl. 32 Springer Verlag GmbH Deutschland, ein Teil von Springer Nature 2019. R. Brandes et al. (Hrsg.), Springer-Lehrbuch. https://doi.org/10.1007/978-3-662-56468-4_20 (Ebook)

SVENSJ€O E, BOUSKELA E (2018) *Endothelial Barrier: Factors That Regulate Its Permeability. Signal Transduction Pathways in Endothelial Cells: Implications for Angiogenesis.* Vascular Biology and Clinical Syndromes Kap 4. S 36-48. In ENDOTHELIUM AND CARDIOVASCULAR DISEASES. Edited by PROTA´ SIO L. DA LUZ.PETER LIBBY ANTONIO C. P. CHAGAS. FRANCISCO R. M. LAURINDO. Publisher: Mica Haley. Sao Paolo ISBN 978-0-12-812348-5

Shimizu Y, Garci JGN (2014) *Multifunctional Role of the Endothelial Actomyosin Cytoskeleton* Kap. 1 In Endothelial Cytoskeleton Editors Juan A. Rosado and Pedro C. Redondo Department of Physiology, University of Extremadura Cáceres, Spain, A SCIENCE PUBLISHERS BOOK p, 2014 by Taylor & Francis Group. International Standard Book Number-13: 978-1-4665-9036-6 (eBook – PDF) (2014). CRC Press. https://doi.org/10. 1201/b15421

Sperando M, Brandes R. (2019) *Mikrozirkulation* In Physiologie des Menschen, Bd. 32, C. Springer Verlag GmbH Deutschland, ein Teil von Springer Nature. R. Brandes, F. Lang, RF Schmidt (Hrsg.) (2019), Kap. 20, p.243. ISSN: 0937-7433. Springer Lehrbuch. ISBN 978-3-662-56467-7 ISBN 978-3-662-56468-4 (Ebook). DOI https://doi.org/ 10.1007/978-3-662-56468-4_20

Suthahar [1]N , Meijers [1]WC , Silljé [1]HW , de Boer RA (2017) From Inflammation to Fibrosis-Molecular and Cellular Mechanisms of Myocardial Tissue Remodelling and Perspectives on Differential Treatment Opportunities. PMIDPMC5527069. DOI: 10.1007/s11897-017-0343-y. 2017 Aug;14(4):235-250

Voets T*, Nilius, B. TRPCs, Gpcrs and the Bayliss effect. The EMBO Journal (2009) Leven, Belgium 28, 4–5. *European Molecular Biology Organization*. doi: 10.1038/emboj. 2008.261

Varga, Z 2020; 41 (Suppl 2): 99–102. endothelialitis bei Covid-19, Published online 2020 Dec 11. German. doi: 10.1007/s00292-020-00875-9 gelesen 29.09.22

Varga Z, Flammer AJ, Steiger P, Haberecker M, Andermatt R, Zinkernagel AS, Mehra MR, Schuepbach RA, Steiger P, Haberecker M, Ruschitzka F, Moch FH, Lancet Published Online FH April 17, 2020, https://doi.org/10.1016/S0140-6736(20)30937F

Wang L, Dudek SM. Regulation of vascular permeability by sphingosine 1-phosphate. Microvasc Res. (2009) Jan; 77(1): 39–45. Epub 2008 Sep 30. PMID: 18973762. doi: 10. 1016/j.mvr.2008.09.005

Wajngarten M, Nussbacher A, Martins Dourado PM and Palandri Chagas AC (2018) *Endothelial Alterations in Aging* Kap. 18 In ENDOTHELIUM AND CARDIOVASCULAR DISEASES. Vascular Biology and Clinical Syndromes. Edited by PROTA' SIO L. DA LUZ.PETER LIBBY ANTONIO Edited by PROTA' SIO L. DA LUZ.PETER LIBBY ANTONIO C. P. CHAGAS. FRANCISCO R. M. LAURINDO. ISBN 978-0-12-812348-5

Wink AA Mitchell J (1998) CHEMICAL BIOLOGY OF NITRIC OXIDE: INSIGHTS INTO REGULATORY, CYTOTOXIC, AND CYTOPROTECTIVE MECHANISMS OF NITRIC OXIDE, In: *Free Radic Biol Med* 1998;25: Bd. 25, Nos. 4/5, S. 434–456 citation reference FIG 1 Page 435 Published by Elsevier Science Inc (1998)